우리가 알고 싶었던
두려움

우리가 알고 싶었던 두려움

초판 발행 2020년 12월 18일

지은이 ㅣ 안젤로 모소
옮긴이 ㅣ 권혁
발행인 ㅣ 권오현

펴낸곳 ㅣ 돋을새김
주소 ㅣ 경기도 고양시 일산동구 하늘마을로 57-9 301호(중산동, k시티 빌딩)
전화 ㅣ 031-977-1854 팩스 ㅣ 031-976-1856
홈페이지 ㅣ http://blog.naver.com/doduls 전자우편 doduls@naver.com
등록 ㅣ 1997.12.15. 제300-1997-140호
인쇄 ㅣ 금강인쇄(031-943-0082)

ISBN 978-89-6167-282-5(03400)
Korean Translation Copyright ⓒ2020, 권혁

값 14,000원

우리가 알고 싶었던
두려움

안젤로 모소 지음 · 권혁 옮김

돋을새김

◆ 차례 ◆

일러두기_

1. 이 책은 Angelo Mosso, 《FEAR》, Longman, Green, And Co. 1896년판을 원전으로 했다.
2. 본문의 (*) 부분은 이 책의 이해를 돕기 위한 원저자의 주이다.

서문

1

그날 저녁은 결코 잊지 못할 것이다. 나는 유리문의 커튼 뒤에
서서 사람들로 북적이는 계단식 대강당을 살펴보았다. 강연자로서
처음 그 자리에 서는 것이었고, 유명한 스승들이 자주 강의를 했던
그 강당에서 내 능력을 시험해보기로 마음먹었던 것을 나는 뼈저
리게 후회했다.

내가 해야 할 일은 수면의 생리학에 관한 연구 결과를 보고하는
것이었다. 하지만 발표시간이 가까워질수록 두려움은 점점 더 커
져만 갔다. 시간이 지날수록 더욱 안절부절 못하던 나는 마침내 멍
하니 입을 벌린 채 청중들 앞에서 아무 말도 하지 못할 지경이 되
고 말았다. 컴컴한 입을 벌리고 있는 깊은 구렁텅이를 바라볼 때처
럼 가슴은 쿵쾅쿵쾅 뛰어댔다. 온신경은 잔뜩 긴장되고 숨이 가빠
졌다.

마침내 8시가 되었다. 마지막으로 노트를 훑어볼 때 공포스럽게
도 생각의 연결고리들이 끊어지고 주요 단계들이 머릿속에 떠오르

지 않았다. 오랜 기간에 걸쳐 백번 정도의 실험을 했으므로 단어 하나하나까지 다 외워서 말할 수 있을 것이라 생각했지만 아무것도 기억이 나질 않았다. 마치 전혀 없었던 일처럼 모든 것이 머릿속에서 사라져버렸던 것이다.

근심걱정이 절정에 다다랐다. 마음이 너무 심하게 흔들려 기억은 애매하고 어렴풋해졌다. 안내자가 문의 손잡이를 잡는 것을 보았고, 마침내 그가 문을 열었을 때 한줄기 바람이 얼굴을 덮치는 것 같았고, 귀에서는 노랫소리가 울려 퍼졌다. 잠시 후 숨이 막힐 듯한 침묵이 흐르는 가운데 강단 가까이에 서 있는 나를 의식했다. 마치 폭풍우가 몰아치는 바다에 빠져 머리를 물 밖으로 들어 올리며 거대한 대강당의 한가운데 솟아 있는 바위를 붙잡고 있는 것만 같았다.

나의 첫마디 말은 참으로 이상한 소리였다. 내 목소리는 드넓은 황야에서 길을 잃은 것만 같았고, 단어들은 입술을 떠나지 않고 와들와들 떨다 사라져버렸다. 거의 기계적으로 몇 개의 문장들을 내뱉고 나서야 내가 이미 강연의 소개를 마쳤다는 사실을 알 수 있었다. 그리고 가장 자신 있다고 생각했던 바로 그 부분을 엉뚱하게 말했다는 것을 발견하곤 소스라치게 놀랐다. 하지만 되돌아갈 길은 전혀 없었다. 엄청난 혼란에 빠진 채 나는 강연을 이어갔다.

안개 속에 싸여 있는 것 같았던 대강당에서 서서히 자욱한 안개가 걷히기 시작하고 청중들 속에서 호의를 품은 상냥한 얼굴들이 눈에 들어왔다. 마치 파도와 싸우다 부표에 매달리는 것처럼 나는 그 얼굴들에 시선을 고정시켰다. 또한 마치 단어 하나라도 놓치지 않겠다는 듯 손을 귀에 대고 가끔씩 고개를 끄덕거리는 적극적인 청중들의 표정도 발견할 수 있었다.

마침내 나는 이 반원의 공간 안에서 홀로, 초라하게, 낙담하여, 풀이 죽은 채 고해성사를 하는 죄인과 같은 나 자신을 확인할 수 있었다. 처음으로 닥쳐왔던 압도적인 감정의 혼란은 멈췄지만 내 목소리는 갈라졌고, 뺨은 달아올랐으며, 숨은 헐떡거리고 긴장한 목소리는 줄곧 떨렸다. 순조롭던 시간은 종종 갑작스러운 들숨에 의해 중단되었고, 가슴이 조여 와 문장의 마지막 단어들은 억지로 내뱉어야 했다.

하지만 다행스럽게도 이 모든 일들에도 불구하고, 생각들이 순조롭게 펼쳐지기 시작했다. 절대 뒤돌아보지 않고 단단히 부여잡고 있던 마법의 실타래를 따라 정상적인 순서로 생각들이 이어지면서 미궁(labyrinthos: 그리스 신화에서 크레타의 장인 다이달로스가 만든 것으로, 한번 들어가면 도저히 빠져나올 수 없게 설계되어 있다.)에서 빠져나오게 되었다.

내가 때때로 보여주던 도구들과 그림들을 마구 흔들리게 했던 두 손의 떨림도 마침내 멈추었다. 힘겨움이 온몸으로 퍼져나갔다. 근육들은 뻣뻣하게 굳어버린 것 같았으며 무릎은 덜덜 떨렸다.

강연이 끝나갈 무렵, 내 몸에 피가 다시 돌기 시작하는 것을 느겼다. 근심걱정 외에는 아무것도 기억나지 않는 몇 분의 시간이 지나갔다. 떨리던 내 목소리는 강연을 마무리하면서 짐짓 확고한 어조를 띠고 있었다. 식은땀을 흘리며, 지쳐 맥이 풀린 나는 객석을 응시했다. 마지막 단어가 내 목 안에서 다시 울릴 때, 마치 나를 꿀꺽 삼켜버릴 준비가 된 괴물의 턱처럼 객석이 천천히 내 앞에서 벌어지고 있는 것처럼 보였다.

2

언젠가 강연자의 생리학에 관한 책을 쓰게 될 사람이 있다면, 대중 앞에서 연설하도록 부추기는 '지나친 우상숭배'에 너무 많은 비용을 치르고 있는 우리들과 사회에 커다란 공헌을 하게 될 것이다. 하지만 그런 책은 각자의 진면목을 확인하는 거울이 되어야 하며, 자신이 어떤 비웃음 속에 드러나게 되었는지, 경험도 없이 주제넘게 연단에 올랐을 때 어떤 벌칙이 그를 기다리고 있는지를 배우는 완벽한 보고서가 되어야 할 것이다.

뺨이 핼쑥해지고, 혼란스러워져 표정은 일그러지고, 마치 감정의 폭풍이 몰아치듯 갑작스레 떨리기 시작하는 불건전한 흥분으로 고통 받는 자신을 확인하게 될 것이다. 투기장에 들어서기 전에 가슴에 밀려오는 압박감, 헛기침, 방광의 압박, 식욕 상실, 참을 수 없는 갈증, 순간적으로 앞을 보지 못하게 하는 현기증을 느끼게 되며, 마침내 자신의 소심함으로 인해 청중들 속에서 시시각각 일어나는 동정심의 무수한 변화를 미리 겪어 보아야만 할 것이다.

최고의 강연자일지라도 자제심을 얻게 될 때까지는 오랜 수습 기간을 거치며 부단한 노력과 수없는 시도를 해야만 한다. 친구들이나 가족들과 섞여 있을 때처럼 자연스러운 설득력 그리고 대중 앞에서도 그와 똑같은 어조와 몸짓을 유지하려는 단순한 목적을 생각해 본다면 신체기관에 끼치는 감정의 영향력을 보다 더 잘 이해할 수 있을 것이다.

나는 뛰어난 지성을 갖춘 사람들이 마치 훈련병처럼 두 팔을 늘어뜨리고 뻣뻣하게 서서, 일그러진 얼굴로 두 눈은 땅에 고정시킨 채, 동정심을 불러일으킬 정도로 말을 더듬으며 꾸역꾸역 강연을 이어가는 것을 본 적이 있다. 또한 가까운 사람들에게 유쾌한 이야기를 들려주던 사람이 중요한 행사에서는 문장 중간에 말을 멈추고, 숨을 헐떡이며, 똑같은 단어를 서너 번 반복하고, 말을 꺼내려 애쓰다가 마침내는 입을 벌리고 가만히 서서 마치 구원의 닻을 찾기라도 하는 듯 탁자나 시곗줄을 부여잡고 있어 불쌍하다는 생각에 눈을 돌리게 된 경우도 있었다.

또한 연회장의 즐거운 분위기를 싸늘하게 만들어버리는 사람들도 있다. 그들은 잠시 후에 해야 할 연설이 가슴을 무겁게 짓눌러 음식도 제대로 삼키지 못한다. 혹시라도 자신을 곤경에 빠뜨린 채 기억이 모두 사라져버릴까 두려워 불안하고 괴로워진다. 마침내 창백한 얼굴로 덜덜 떨며 일어나 두 눈을 부릅뜨고 마치 흥분에 마취된 듯 흔들거리면서 혼란스럽고, 급작스럽게 연설을 시작하면 청중들은 그를 안쓰럽게 여기게 된다.

튜린의 학술협회에서 종교 수사학 교수였던 나의 옛 스승님은 불안증이 시작되면 다리가 너무 심하게 떨리는 탓에 앉아서만 강의를 할 수 있었다. 결국 그분은 부러울 정도로 노련한 설득의 재능으로 이룩한 자신의 성과들을 포기할 수밖에 없었다. 강의를 마친 후에 사리에서 일어설 수도 없었고 강단을 내려오거나 걸음을 옮길 수조차 없었기 때문이었다.

그런데 대중 앞에 선다는 그 단순한 사실이 왜 그런 불안감을 불러일으키는 것일까? 왜 신체적인 기능 장애가 그처럼 광범위하게 나타나는 것일까? 우리는 통제할 수 없는 신경과 뇌, 불안 등을 인간의 육체적인 특성이라고 말한다. 하지만 우리들의 생각 또한 혼란스럽기만 하다. 그토록 찬사를 받는 '의지의 힘'은 무엇이며, 혼자 있을 때는 대담하지만 여러 사람들의 눈앞에서는 그토록 소심해지는 영혼의 능력은 대체 무엇이란 말인가?

이것이 어려운 문제라는 것은 인정한다. 그리고 이 문제를 해결하는 가장 쉬운 방법은 우리 모두가 알고 있는 대뇌의 활동을 편견 없이 분석하고, 감정에 대한 연구와 사고의 물리적인 현상들에서 생리학자들이 발견했던 것들을 살펴보는 것이라고 믿는다.

3

하지만 실험생리학으로 들어가기 전에 먼저 언급해 두어야 할 것들이 있다. 즉, 엄격한 타당성을 바탕으로 여러 생리학자들의 이름을 반복적으로 언급하겠지만 단지 가끔씩 그렇게 할 것이다. 이름들과 주석들로 인해 문장이 방해받는 것은 과학서적을 읽는데 익숙하지 않은 독자들에게는 성가신 일이 될 것이기 때문이다. 또한 내가 활용하게 될 모든 주장의 기원을 알고 싶어 하는 사람도 많지 않을 것이라 생각하기 때문이다.

하지만, 내 견해에 과분한 가치가 주어지지 않도록 나만의 경험이나 생각을 밝힐 때는 격식을 차리지 않고 일인칭으로만 작성할 것이다. 그렇게 해야 내가 오류를 범하게 된다 해도, 과학계가 그런 개인적인 오류를 책임지지 않아도 될 것이다.

격정(激情)의 생리학(1869년에 출간된 데카르트의 《정념론》을 가리킨다)을 다룬 가장 중요한 최초의 책은 데카르트가 집필했다. 학문의 위대한 복원자로서 비범한 지성의 힘으로 지식의 모든 분야를 아울렀던 그는 수학자, 물리학자 그리고 생리학자이기도 했다. 그의 책은 당대의 학계에서 보편적 학문이었던 아리스토텔레스 철학(아리스토텔레스는 감정과 생각이 뇌가 아니라 심장에서 나온다고 말했다)이 전혀 해결하지 못하고 있던 생명에 관한 문제들 중의 한 가지를 증명하는 명성을 누렸다.

'영혼의 격정'에 관한 논문에서 격정이 촉발되는 방식에 대한 다음과 같은 설명이 등장한다.

"만약 어떤 동물이 매우 기괴하고 놀랍게 생겼다면 즉, 그 동물이 본래부터 신체에 해를 끼칠 수 있는 것들과 매우 흡사하다면, 정신에 두려움의 격정을 불러일으킬 것이다. 그후 다양한 신체적 기질 또는 영혼의 힘에 따라 그리고 현재의 느낌과 유사한 점들이 있는 그 위험한 것들에 대해 스스로가 방어 또는 도주 수단을 갖출 수 있는지의 여부에 따라 대담함 또는 공포의 격정을 불러일으킬 것이다.

뇌를 그런 방식으로 처리하는 사람들은 이미지에 의해 흥분되고 송과선(또는 뇌의 중심부) 내에 형성된 정신이 부분적으로는 몸을 돌리게 하고 다리를 급히 움직이게 하는 신경으로 전달되며, 부분적으로는 심장의 판막을 확대하고 수축시키는 신경으로 전달되거나, 다른 부분들을 자극하여 혈액이 그곳들에 전달되며, 차분하게 흐르고 있던 혈액은 이 정신을 뇌에 보내 두려움의 격정을 조장하고 증가할 수 있도록 한다. 즉, 뇌의 작은 구멍을 열거나 다시 열 수 있도록 하여 신경으로 이끌어주는 것이다."

데카르트 이전에는 감정에 수반되어 무의식적인 행동들이 일어나는 메커니즘의 너무나도 단순한 개념을 아무도 몰랐으며, 그는 정신에 관한 생리학 연구의 기초를 쌓아올린 사람이었다.

이미 250년이 지났지만 그의 연구는 여전히 감탄을 자아내는 업적으로 남아 있다. 과학이 발전하여 이제는 생리학의 원리를 배우려는 그 어느 누구도 인간에 대한 그의 논문을 연구하지는 않을 것이다. 하지만 과학의 역사를 알고 있는 사람이라면 누구라도 과학을 풍부하게 만들어온 혁신의 정신에 생명을 불어넣었던 최고의 기록에 감탄하게 될 것이다. 말브랑슈(Malebranche)는 처음으로 데카르트의《인간과 태아의 발생론》을 읽기 시작했을 때, 감동을 일으키는 새로운 생각으로 인해 강렬한 즐거움에 빠져들었으며, 가슴이 두근거려 때때로 읽기를 멈춰야만 했다고 한다.

여기에서 그다지 알려지지 않은 두 사람도 언급되어야 할 것이다. 감정의 연구에 공헌했던 지극히 과학적인 인물들이었던 허버트 스펜서(Herbert Spencer)와 찰스 다윈(Charles Darwin)이다.

다음으로는 고통에 관한 연구로 유명한 파올로 만테가자(Paolo Mantegazza 1831~1910: 이탈리아 신경학자)가 있다. 골상학과 의태(擬態)에 관한 그의 책은 '감정의 표현에 관한 그의 불후의 작품은 미래의 과학에 무한한 영역을 활짝 열었다'라며 찰스 다윈에게 헌정되었다.

위대한 영국의 대가이며 철학자인 다윈은 뛰어난 이탈리아 생리학자의 존경을 받을 만한 사람이었다. 다윈은 천재적인 인물이었으며 동시에 대중적인 스타일의 위대한 저술가였다.

그의 설득력은 신중함에 있었다. 신중한 설명과 결론으로 절대적인 공식화를 피하는 태도는 언제나 견줄 수 없는 모범이 되었다. 교조주의는 평범한 정신을 갉아먹고 빈약하게 만드는 벌레이며, 많은 사람들의 합리성을 오염시킨다. 과학의 질병인 교조주의에 전혀 사로잡히지 않았던 그는 교조주의를 아예 모르는 사람이었다.

그는 과학의 결함을 거리낌 없이 밝혔으며, 그 자신을 냉정하게 비판했으며, 자신이 제시했던 학설의 결점을 주저하지 않고 밝혔다. 그의 책을 읽다보면 보다 깊은 과학적 질문들을 독자들이 오해할 수도 있다는 두려움에 끊임없이 시달리고 있다고 생각하게 된다. 그는 자신의 주장에 대해 너무나도 조심스러웠으며 너무나도 신중했으며, 자신의 귀납법에 지극히 신경을 썼으므로 그의 책 《(인간과 동물의) 감정의 표현》은 내 의견으로는, 오류를 지적하면서 진지하게 반박할 수 있는 단 하나의 문제점도 남기지 않았다.

그리고 만약 지금 우리가 그의 발견에 추가할 수 있거나 그의 작품들 속의 판단을 일부 수정할 수 있다면, 그것은 단지 과학이 지금 엄청나게 발달하고 있기 때문이다.

진화 이론은 언제나 현대 과학의 주춧돌로 남아 있겠지만 스펜서와 다윈에 의해 형식을 갖춘 일정한 원리들은 신체 기관의 적응에 대한 우리들의 지식이 그 기능들에까지 확대되면서 수정될 것이다.

4

나는 다윈이 의지가 표현의 원인이라고 지나치게 강조했다고 생각한다. 우리 젊은 생리학자들은 보다 더 기계적이다. 우리는 유기체를 보다 더 상세하게 조사한다. 그리고 장기의 구조에 있어 그것들의 기능에 대한 근거를 구하려 한다.

여기에서 내가 설명했던 몇 가지 현상들에서 상이한 방식의 한 가지 예를 들어야겠다.

널리 알려져 있듯이, 토끼는 대단히 겁이 많은 동물이며 토끼만큼 쉽게 얼굴이 붉어졌다가 창백해지는 동물은 없을 것이다. 신체적인 표현이나 감정에 의해 만들어지는 혈액순환의 변화는 얼굴보다 귀 쪽에 더 많이 나타난다.

토끼 귀(외이) 귓바퀴의 중앙에는 하단에서부터 꼭대기까지 흐르는 동맥이 귓바퀴의 가장자리에 두 개의 정맥을 형성하는 것과 같은 방식으로 분파되면서 구부러진다. 1854년에 모리츠 쉬프는 이 동맥이 심장의 수축 이완기(期)와 일치하지 않는 수축과 확장이 번갈아 일어난다는 것을 관찰했다.

토끼의 귀를 불빛에 비추어보면, 때때로 동맥의 직경이 줄어들면서 마침내 완전히 사라졌다가 다시 확장되며, 부풀어 오르면서 지류로 확대되어 귀 전체가 생생한 붉은색이 되며 동시에 따뜻해진다는 것을 알게 된다. 혈액이 몇 초간 귀에 가득 차 있다가 동맥과 지류들이 수축되면 붉은색은 점점 사라지게 된다.

쉬프는 이런 동맥을 보조적인 심장이라고 불렀다. 심장이 신체의 나머지 부위에 작용하듯이, 귀의 혈관에서 나타나는 수축과 확장은 귀에서 혈액의 순환을 더욱 증진시키려는 것이라고 생각했기 때문이었다.

나는 쉬프의 관찰을 재현해보면서 다른 사람들은 필요하지 않다고 생각할 몇 가지 예방책을 적용했다. 토끼의 귀를 손으로 붙잡고 관찰하는 대신 모든 감정으로부터 벗어나 관찰당하고 있다는 사실을 의식하지 못하도록 해야 한다고 생각했다. 그래서 창문의 내부 틀과 꼭 맞는 토끼장을 만들어, 토끼가 방 안을 들여다볼 수 없도록 했다. 그렇게 내 모습이 보이지 않도록 하고 토끼장에 나 있는 몇 개의 구멍을 통해 아주 쉽게 관찰할 수 있었다. 이처럼 단순한 장치를 이용해 시간이 날 때마다 토끼들을 관찰하면서 관찰당하고 있다는 의심 없이 차분하게 활동하고 있는 토끼들의 습성을 연구할 수 있었다.

그렇게 관찰을 시작했을 때 놀랍게도 내 손아귀에 붙잡혀 놀랐을 때처럼 귀가 빨갛게 변하지 않는 것이었다. 귀의 혈관이 팽창하고 수축하는 급격한 움직임을 보이면서 소심함을 드러내는 특징인 갑작스러운 색깔의 변화는 더 이상 관찰되지 않았다. 귀의 동맥은 팽창된 상태로 생생한 붉은색이 종종 몇 시간이나 지속될 정도로 오랫동안 유지되었다. 토끼들이 한결같이 평온한 시기인 여름에 특히 그렇다는 것을 알게 되었다.

하지만 완벽히 평온한 상태에서도 언제나 혈관이 팽창하는 것은 아니었다. 모든 토끼들이 동일한 조건 하에 동일한 시간대에 똑같이 귀가 빨갛거나 창백하지는 않았다.

사람들의 얼굴에도 언제든 이와 비슷한 상황이 일어날 수 있다. 어린 토끼들은 나이 든 토끼들보다 더 쉽게 귀가 빨개졌다. 어린 토끼의 수컷과 암컷을 관찰할 때, 종종 암컷의 붉은 귀는 시시때때로 하얗게 변했지만 수컷은 마치 노인들처럼 차분했으며 창백한 상태를 유지했다. 하지만 한배에서 태어난 어린 토끼들 사이에서도 귀가 쉽게 붉어지는 정도의 차이는 뚜렷했다.

나는 가장 쉽게 그리고 가장 자주 귀가 붉어지는 토끼들을 골랐다. 만약 완벽하게 평온할 때 토끼의 귀에서 색깔이 사라지는 것을 주의 깊게 살펴본다면, 언제나 일정한 외부환경이 원인이 된다는 것을 알 수 있었다. 귀가 빨간 상태로 평온하게 호흡하고 있는 동안, 호흡에 갑작스러운 변화가 생기는 것을 종종 확인했다. 머리를 들고 주변을 살펴보거나 코를 킁킁거리면서 혈관의 수축으로 이어지고 귀가 점점 창백해졌던 것이다.

아무 일도 일어나지 않을 경우, 몇 분 후에 귀는 다시 빨갛게 변했고, 소음들이 발생하면 다시 창백해졌다. 새소리, 울음소리, 개 짖는 소리, 토끼장 속으로 비치는 햇빛, 빠르게 지나가는 구름의 그림자 등이 갑작스럽게 색깔이 사라지도록 했으며 잠시 후에는 보다 생생한 홍조가 나타났다. 그러므로 귀의 혈액순환이 토끼의 심리적인 상황을 반영하는 것이며, 귀나 혈관에 직접적으로 작용하는 것이 없다면 아무 일도 일어나지 않는다고 주장할 수 있다.

그렇게 쉬프의 관찰은 확인되었지만, 내가 제시하는 해석은 그의 것과 차이가 있다. 토끼 귀의 동맥에서 일어나는 팽창과 수축은 심장의 보조적인 운동과 더 이상 비교될 수 있는 것이 아니며, 인간의 얼굴에 나타나는 홍조나 창백함과 다를 바 없다는 것이다. 홍조나 창백함은 인간에게만 나타나는 예외적인 현상이 아니라 인간을 비롯한 거의 모든 동물에서 관찰되는 현상들 속에 포함되는 것이다.

토끼의 귀와 수탉의 볏에서도 똑같은 현상을 찾아볼 수 있다. 흥분한 칠면조 표피의 돌기와 목의 주름은 뚜렷하게 붉어졌다가 점점 창백해지며, 사람과 개는 얼굴뿐만 아니라 발에서도 이러한 색깔의 변화가 일어난다.

이러한 일들은 관찰이 부족하여 잘 알려지지 않았다. 일반적으로 동물은 피부에 있는 혈관이 털이나 깃털 또는 비늘 아래에 숨겨져 있기 때문이다. 그리고 외피가 투명하지 않거나 색소 세포가 피부의 아래층에 두텁게 퍼져 있기 때문에 홍조를 일으키지 않는다고 생각해온 것이다. 그래서 홍조가 인간의 특별한 성질이라고 생각했던 것이지만 사실은 그렇지 않다.

아주 작은 영향일지라도 토끼의 얼굴이 매우 민감하다는 것은 주의 깊은 관찰만으로도 충분히 알 수 있다. 콧구멍과 입술을 주의 깊게 살펴보면, 색깔의 변화들이 귀의 혈관에 일어나는 것과 유사하다는 것을 알 수 있다. 토끼를 연구하는 동안 이러한 현상들이 내게는 너무나도 익숙한 것이어서 귀가 창백하거나 빨갛게 되는지의 여부를 알기 위해서는 단지 토끼의 주둥이, 특히 끝부분만 관찰할 필요가 있었다. 이런 확실한 사실은 부분적으로 사람의 경우와 마찬가지로 호흡의 주기적인 반복과 변화 그리고 아주 작은 감정에 의해 콧구멍에 일어나는 움직임 때문이었다.

5

많은 사람들이 인간과 동물 사이에 그런 특징적인 차이점들이 없다는 것에 아쉬움을 느낄 수도 있을 것이다. 그래서 우리는 짐승들과 공통으로 갖고 있는 우리들의 생김새에서 가장 고귀하고, 아름다우며, 인간적인 것이 무엇인지 냉철하게 증명하려고 한다.

실험적인 방법이 널리 퍼지고 있는 오늘날, 우리 생리학자들은 겸손해져야 한다. 기초적인 과학 원리들을 널리 퍼뜨리기 위해 예술가의 작업실에서, 학식 있는 사람들의 도서관에서, 문화적인 인물들의 응접실에서 호의적으로 수용해줄 것을 요구할 필요가 있다. 우리는 이제 예복을 벗어던지고, 앞치마를 묶고, 옷소매를 걷어 올리고 과학적인 방법에 따라 인간의 심장에 대한 생체해부를 시작해야만 한다.

예술가들은 더 이상 자연의 맹목적인 모방에 스스로를 한정시키거나, 사물의 현상과 형태에 대해 캔버스 위에, 대리석에, 책 속에 끊임없이 복제를 해서는 안 된다. 사물들이 왜 그리고 어떤 이유로 완전하거나 부분적으로 원인과 결과 사이의 연결로 이루어졌는지를 반드시 알아야만 하며, 스스로가 우연의 결과인 것은 아무것도 없으며 모든 현상의 이면에는 이유가 있다는 것을 확신하고 있어야만 한다.

얼굴의 홍조가 청정함과 순수함의 이상적인 징표라는 것은 전혀 본질적인 내용이 아니다. 이것은 고귀함의 상징으로 인간에게 주어진 것이 아닐뿐더러 심장의 동요를 반영하는 거울도 아닌 것이다. 신체적인 기능에 의해 필요하게 된 것이며, 의지가 만들어내거나 억제할 수 있는 것도 아니다. 그것은 단순히 우리들의 몸이라는 생명 기계의 구조에 의해 그리고 모든 동물의 모든 기관에 있는 혈관의 활동에 의해 일어난 것일 뿐이다.

이와는 반대로, 다윈은 이것을 '의지'라는 수단에 의해 발생된 현상이라고 믿었다. 여기에서 얼굴을 붉히는 것에 대한 그의 설명을 모두 싣는 것은 바람직하지 않을 것이다. 다른 박물학자들은 아무도 이처럼 특별한 연구의 대상으로 삼지 않았으며, 그의 가설이 나의 관찰에 의한 사실들과 모순되기 때문이다.

"남성과 여성 그리고 특히 젊은이들은 언제나 그들의 개인적인 외모는 물론 다른 사람들의 외모도 높이 평가해왔다. 비록 인간이 원래대로 벌거벗은 채 돌아다녀 신체의 외부가 주의를 끌던 시절에 얼굴은 관심의 주요한 대상이었다. 대부분의 사람들은 언제나 타인의 의견에 민감하다. 완벽하게 외톨이로 살아가는 사람이라면 자신의 외모에 대해 걱정하지 않을 것이기 때문이다. 모든 사람들이 칭찬보다 비난을 더 민감하게 느낀다.

이제 남들이 개인적인 외모를 경시한다는 것을 알게 되거나 그렇다고 짐작할 때는 언제나 관심은 자신에게 특히 얼굴에 강력하게 쏠리게 된다. 이것의 예상되는 결과는 방금 설명했듯이 얼굴의 지각신경을 받아들이는 감각중추의 일부분을 흥분시켜 활동하게 만들며, 얼굴의 모세관에 있는 혈관 운동계를 통해 반응하게 될 것이다.

무수한 세대 동안 빈번한 반복에 의해 이 과정은 타인이 자신에 대해 판단한다는 믿음과 함께 지극히 습관적인 것이 되었다. 그래서 얼굴에 대한 의식적인 생각이 없어도 남들의 경시에 대한 의심마저도 모세관을 완화시키기에 충분할 것이다.

일부 민감한 사람들은 옷차림도 이와 똑같은 효과를 만들어낸다는 것을 쉽게 알아차린다. 또한 교제와 유전형질의 영향력을 통해 비록 드러내지는 않더라도 누군가가 타인의 행동과 생각 또는 성격을 비난하고 있다는 것을 알아차리거나 상상될 때마다 그리고 또한 자신이 높게 평가되고 있을 때 그들의 모세혈관은 완화된다."

"이 가설에 근거해 우리는 신체의 다른 어떤 부분보다 얼굴이 어떻게 더 붉어지는지를 이해할 수 있다."

"모든 표현들 중에서 홍조는 가장 뚜렷하게 인간다운 것으로 보인다."

"하지만 어떤 동물이라도 정신적인 능력이 인간의 그것과 동등하거나 가까울 정도로 발달할 때까지는 자신의 개인적인 외모에 대해 긴밀하게 생각하거나 민감해지는 것이 가능하다고 보이지는 않는다. 그러므로 우리는 얼굴이 붉어지는 것은 인간들이 물려받은 오랜 시간 속의 대단히 가까운 시기에서 비롯된 것이라고 결론을 내릴 수 있을 것이다."* 찰스 다윈: 《감정의 표현》 p. 345~364, 런던, 1872

홍조에 대한 다윈의 설명을 나는 더 이상 지지할 수 없다고 생각하며, 어쩌면 다윈 자신도 나의 설명을 인정하리라고 생각한다. 이것이 보다 더 진실에 가깝게 보이며, 보다 더 진화이론에 부합하며, 만약 이렇게 표현하는 것이 용납된다면, 보다 더 다윈 학파답다고 생각하기 때문이다.

하지만 이 현상의 근원을 알고 싶은 사람들은 '우리는 왜 얼굴을 붉히는 것일까?'라고 질문할 것이다. 일정한 조건 하에서 혈액은 왜 보다 더 풍부하게 토끼의 귀와 인간의 얼굴로 흘러들어가는 것일까? 이 질문에 대한 답변은 내가 뇌 역시 흥분 이후에 더욱 붉어진다는 것을 증명했을 때 더욱 잘 이해하게 될 것이다.

심리학과 생리학의 상호작용에 관심이 많았던 안젤로 모소는
다양한 측정기구들을 직접 만들었다. 작업의 피로도와 감정
상태 사이의 관계를 측정하는 에르고 그래프. (1901년)

생명을 유지하려면 장애가 발생한 모든 기관에서는 혈관의 확장
이 일어나야만 한다. 손을 단단히 쥐거나, 주먹으로 한 대 맞아 타
박상을 입었을 때 피부가 단번에 빨갛게 변한다는 것을 우리는 모
두 알고 있다. 이러한 혈액순환의 변화는 반드시 필요한 것이다.
영양공급이 정지된 부분에 보다 풍부하게 피가 흐르는 것은 생명
유지에 필요한 과정을 새롭게 하고 상처에 의해 발생된 손상을 복
구하는 역할을 하기 때문이다.

그와 동일한 현상이 심리적인 조건 하에서 뇌 속에서도 일어난
다. 흥분은 뇌의 화학적 과정에 엄청난 에너지를 일으킨다. 세포의
영양공급에 변화가 일어나고 신경조직의 에너지가 보다 급격하게
소모되며 그로 인해 머리와 뇌의 혈관 확장이 보다 풍부한 혈액공

급을 통해 신경중추의 활동을 유지하려고 한다.

다윈이 외부적인 원인인 자연선택 또는 환경에서 유래를 찾으려 했던 수많은 현상들의 이유는 세포 조직 속에서, 생명기관을 구성하는 살아있는 실체의 고유한 특성 속에서 찾아야만 한다.

우리는 다윈의 이론에서 그처럼 중요한 부분을 차지하는 우연과 의지 그리고 사고의 영향을 훨씬 더 좁은 한계 내로 한정하도록 노력해야만 한다. 미리 생각해놓은 목적을 만족시키는 창의력이라는 결괴는 없다. 유기체들은 오로지 기계적인 원인들을 통해 스스로를 형성하고 변화시킨다. 노동이 유기체를 완성하며, 활동하는 신체들이 자신들만의 행위를 통해 구조를 한층 더 완벽하게 만드는 광범위한 변형을 겪게 된다.

_ Chapter I _

뇌는 어떻게 작동할까

1

신경중추에 대해 알아보기 전에 독자들이 기억해야 할 몇 가지 간단한 사실들이 있다. 이미 알고 있는 것이겠지만, 기억해두고 있으면 정신의 기능에서 신체가 차지하는 부분이 보다 명확해질 것이다.

방심하고 있을 때 눈앞을 스쳐 지나가는 그림이나 풍경을 생각해보는 것만으로도 뇌가 어떻게 작동하는지 알 수 있다. 정신이 무심코 일상의 세계를 벗어나, 두 눈을 뜬 채 꼼짝도 하지 않고, 아무것도 보거나 듣지 않고, 이런저런 공상에 빠져 있는 것은 무척이나 신기한 일이다.

조용한 서재에서 책을 읽고 있을 때, 우리는 종종 단어들이 서서히 사라지면서 마침내 구름에 둘러싸인 것처럼 어린 시절의 기억이나 미래의 희망 속으로 빠져들곤 하지 않던가!

고단한 삶의 한가운데에서 부지불식간에 나타나는 이런 주의력의 정지는 많은 사람들에게 위안이 되기도 한다. 그 상태로 있을 때 활동하는 뇌가 제공하는 근심걱정의 괴로움이 사라지기도 한다. 우리는 사물과 생각들이 아무런 질서와 목표도 없이 재빠르게 서로 뒤섞이며 변형되는 것을 보기도 한다.

2

하지만 이러한 일들은 깨어 있는 정신이 꾸는 꿈들에 지나지 않는다. 집중력과 사고력이 더욱 강해져 있을 때라도 우리는 여전히 제멋대로이며 길들일 수 없는 대뇌 활동의 흐름에 넋을 잃게 된다. 의지는 상상의 영역 속에서는 아무것도 할 수 없으며, 뇌는 우리들의 명령 따위에 굴복할 노예가 아니기 때문이다.

어디에서 오는 것인지도 모르지만, 정신활동을 무기력하게 만드는 성가신 생각을 지우기 위해 고통스럽게 헛되이 노력하기도 한다. 때로는 몇 시간 동안 책상 앞에 앉아 턱을 괸 채 머릿속에 맴도는 생각을 단 한 줄도 종이 위에 옮기지 못한다.

우리는 곧 단념하고 만다. 마치 눈앞에서 자기 집의 정문이 닫혀버린 것처럼 자신을 초라하게 느낀다. 슬퍼하거나 짜증을 내도 아무런 소용이 없다. 불같은 화를 낸다 해도 아무런 도움이 되지 않는다. 우리는 깨부술 수 없는 높은 장벽 뒤에 서 있는 것이다.

뇌는 끊임없이 활동하고 있다. 그러한 뇌의 활동을 정신이 모두 장악하는 것은 불가능하다. 어느 한 부분에 더 많은 관심을 보이면, 인접한 부분에 대한 우리의 인식은 더 희미해지며, 감각기관이 외부세계에서 전달받는 인상은 약해진다. 시라쿠사가 포위되어 있을 때, 기하학 도형에 몰두해 있다가 로마의 병사에게 살해된 아르키메데스의 경우가 그렇다.

우리의 뇌 전체는 절대로 한꺼번에 활동하지 않는다. 지금은 2분의 1이 활동하고, 그리고 나서 나머지가 활동을 한다.

한쪽 눈으로만 하늘을 바라볼 때 나는 시야가 밝은 쪽에서 어두운 쪽으로 번갈아 바뀐다는 것을 발견했다. 이것은 눈이 아닌 뇌에 의해 좌우되는 것이다. 처음에는 무의식적으로 한쪽 눈을 사용한 후에 다른쪽 눈을 사용하기 때문이다. 마찬가지로 두 개의 뇌반구는 동시에 작동하지 않으며 경우에 따라 활동 상태에 있는 쪽이 작동하는 것이다.

어떤 프랑스의 장군은 두개골이 쪼개지는 부상으로 인해 뇌의 반쪽을 잃게 되었다. 나중에 회복된 그는 사고력을 유지했지만 얼마 지나지 않아 대화를 나누는 동안 점점 피곤해 했으며 한 번에 몇 분 동안만 정신을 집중할 수 있었다.

대뇌 활동의 상당한 부분이 전적으로 습관적인 것이어서 정신은 종종 우리가 의식하지 못한 채 작동한다고 주장하는 철학자들이 많다. 모즐리(Maudsley)는 어떤 생각이 의식의 영역에서 사라질 때, 반드시 완전하게 사라지는 것은 아니지만 실제로는 잠복하거나 분명치 않게 남아 깨어나려는 움직임을 지속하며, 우리가 알아차리지 못하는 사이에 다른 생각들을 일으킨다고 한다. 하지만 의식이 갑작스럽게 다른 데로 돌려지거나 이전에 차지하고 있던 어떤 것에 의해 회복되면 우리는 활동 중인 생각에 매달리게 된다는 것이다. * 모즐리: 《정신의 생리학》 p. 305, 런던, 1876.

이 의견은 뇌의 혈액순환을 연구하는 동안 관찰했던 몇 가지 현상들에 의해 개연성이 있는 것으로 확인되었다. 또한 오랫동안 애를 써도 도저히 떠올릴 수 없었던 이름이나 사건들이 아무것도 생각하지 않고 있을 때 갑작스럽게 떠오르기도 한다는 것을 생각해보면 쉽게 확인되기도 한다.

우리는 모두 마음먹은 대로 쉽게 잠들지 못하며, 생각을 거의 지배하지 못한다는 것도 알고 있다. 우리의 정신을 차지하고 잠들지 못하게 만드는 것을 없애기 위해 이런저런 생각들로 정신을 돌려보려고 시도한다. 다른 생각을 끄집어내 우리를 괴롭히는 어떤 생각을 억누르려 하며, 종종 무기력하게 편히 쉴 수 있도록 해주는 고요한 망각과 정신의 안정이 찾아오기만을 기다리곤 한다.

잠에 빠져들기 직전에 어떤 것에 생각을 집중하려 애쓰게 되면 마치 배 위에 앉아 시시때때로 머리가 파도 위로 오르내리는 것처럼 그 생각이 사라졌다 다시 나타나면서 흔들거리게 된다는 것을 알게 된다. 잠에서 깨어났을 때도 격렬한 생각의 조류가 밀려와 항구에 들어서는 것을 막거나, 파도가 헤아릴 수 없이 깊은 곳으로 몰아넣어 수평선조차 볼 수 없게 만들 때도 있다. 우리는 너무나도 자주 잠시 부는 바람에도 그토록 가고 싶은 해변에서 멀찍이 밀려 떠내려가는 변변치 않은 배를 타고 있다는 것을 발견하기도 한다.

3

하지만 우리 몸과 생각의 활동을 묶어주는 연결고리, 신체의 영양공급과 정신 상태 사이의 상호관계 또는 흔히 말하듯이, 몸과 영혼 사이의 관계를 알아보기 위해 몇 명의 친구가 식탁에 모여 있을 때 어떤 일이 일어나는지를 살펴보기로 하자.

그들이 자리를 잡고 앉으면, 쾌활한 친구의 유쾌한 몇 마디 말이 있고 난 후에 약간은 우울한 분위기가 된다. 누군가 그 어색한 분위기를 깨려 하지만 실패하고 만다. 대화는 전반적으로 활기가 없어 억지스럽게 겉돌고 있다고 느낀다. 그러다가 아주 조금씩 분위기가 밝아지기 시작한다.

곧이어 웅얼거리는 소리가 나더니, 마치 각자가 자신의 목소리가 남들보다 더 잘 들리도록 애쓰는 것처럼 왁자지껄한 소리로 이어진다. 마치 뇌 속의 무언가가 풀어진 것처럼 목소리들이 점점 순조로운 상태로 접어든다. 만약 음식을 만족스럽게 먹었다면 약간은 과묵한 사람일지라도 디저트가 나올 때쯤에는 이야기를 쏟아내게 된다. 언짢았던 얼굴에는 미소가 떠오르고 울적했던 분위기는 유쾌하게 바뀐다. 활발하게 이야기가 오고 가고, 열띤 토론이 벌어지며, 자주 터지는 웃음소리, 재치 있는 말로 끼어들기, 흥에 겨운 몸짓 등 모두가 100배는 더 활기 있는 행동을 보여준다.

벌겋게 달아오르는 얼굴과 번득이는 눈으로부터 우리는 피가 뇌로 풍부하게 몰려가고 있다는 것을 알게 된다. 마치 녹슨 생각의 수레바퀴를 움직이게 하고 음성기관의 이음매에 윤활유를 부어넣은 것처럼 혀가 풀리고 생각들이 정신 속에 축적된다.

우리는 모두 뇌의 활동영역 속에서 일어나는 이런 변화를 겪어 보았을 것이다. 와인이 한잔씩 돌아가면 새로운 국면에 들어선다. 만약 다른 장소에서 그들을 만나본 적이 없다면, 우리는 그들의 변신에 엄청나게 놀라면서 그들의 성격에 관한 이전의 오해를 바로잡기 위해 움츠러들 것이다. 언제나 조용하고 냉정하다고 생각했던 사람들이 놀랍게도 뛰어난 언변으로 가장 대담한 토론을 이끌며, 그토록 민첩하고 능숙하게 비꼬는 말을 논박하며 커다란 박수갈채를 받는 것을 보기도 한다.

모두에게 느리고, 지루하며 서투른 말솜씨를 지녔다고 알려진 소심한 다른 사람들이 마음에 와 닿는 유창한 연설을 해낸다. 게다가 거리낌 없이 축배를 제안하며 서로의 건강을 위해 술잔을 비운다. 그들은 손에 잔을 들고 자리에서 일어나 재치 있는 말을 골라 모든 사람들에게 경의를 표한다. 침착하고 온화한 사람들이 자리에서 일어나 즉흥적인 시구를 읊고, 우리는 그들의 솜씨와 그 리듬과 은유와 각운의 조화로운 우아함에 경탄을 금치 못한다.

그들은 모두 마치 생명의 맥박이 되살아난 것처럼 내면의 영감 같은 것을 느끼는 듯하다.

다음날이 오면 그들 각자는 본래의 성정과 자신만의 일로 돌아간다. 만약 손님들 중 누군가 다른 손님을 길에서 마주치면 그들은 악수를 나누며 미소를 지을 것이며 의외의 말을 듣게 될 것이다.

'지난밤 파티는 참 대단했죠, 그렇죠? 당신을 알아보지도 못할 뻔했습니다. 다들 엄청 시끄럽더라구요!'

4

무엇보다 기억의 분석은 우리에게 언어를 구성하는 요소들을 제공하기 위해 활동을 시작하는 뇌의 다양한 부분들 사이의 관계를 더욱 잘 보여준다.

우리는 두 가지 종류의 기억을 구별해야 한다.

1. 이미지나 움직임, 단어, 소리 또는 감각의 표현인지와 상관 없이 고착되어 있는 인상들.
2. 이러한 인상들을 기억으로 다시 깨우기.

기억이라는 현상이 신경물질의 신체적인 변화와 긴밀하게 연결되어 있다는 것을 인정하지 않는다면 전혀 이해할 수 없는 상태로 남아 있게 될 것이다. 민감한 신경세포에 작용하는 외부적인 인상은 마치 사진으로 찍은 것처럼 기억으로 영원히 남아 있게 된다. 기억이라는 기능에 필요한 물질들을 뇌로 전달하는 것은 혈액이다. 혈액순환에 상당한 변화를 일으키지 않고는 주의력을 강하게 발달시킬 수 없다.

그런데 우리가 방심하고 있을 때는, 대뇌 영역에서 빠른 혈액순환을 위한 물리적인 변화가 제공되지 않으므로, 이미지들이 지속적인 인상으로 기억에 남아 있지 않게 된다.

뇌는 개별적인 생각들이 필요해질 때까지 머무는 창고라는 오래된 개념은 보기보다 더 정확하다. 현대과학은 물질이 인간이 생각하는 것보다 훨씬 더 복잡하다는 것을 입증했다.

우선 언어의 기억을 생각해보자. 일반적으로 말하자면, 언어의 기억은 좌측의 두정부(頭頂部)에 위치해 있다. 그래서 그 쪽의 관자놀이를 세게 맞은 사람은 비록 다른 사람들이 반복적으로 들려주면 여전히 사물들을 기억하고 이름을 말할 수는 있지만 대부분 언어를 잃게 된다.

언어를 배울 때 일정한 세포들이 그 전에는 없었던 기능들을 수행하면서, 명사와 동사의 인상, 생각과 단어들의 시각적 표현들이 모여 있는 대단히 복잡한 그물처럼 다른 세포들과 연결된다.

우리가 언어를 연습하면 혈액은 새로운 성분들을 이 세포들로 이동시키고, 집중할수록 그 인상들은 더욱 강하게 된다. 혈액의 산화는 일단 받아들인 인상을 파괴하지는 않지만 약화시킨다.

몇 년 동안 말하는 연습을 하지 않는다면, 부자연스러운 말로 인해 의견교환에 커다란 어려움을 겪게 된다. 하지만 며칠만 지나면 본래의 자연스러움을 되찾게 된다.

질병으로 인해 언어를 완전히 잊었다가 건강을 되찾으면서 회복되는 경우를 예로 들 수 있다. 배웠던 순서대로 몇몇 언어들을 잊어버리고, 나중에 습득했던 반대의 순서로 되찾게 되는 사람들도 있다.

희미해진 기억을 찾으려 할 때, 우리는 언제나 생각이라는 현상들 중에는 연상과 긴밀한 연결이 있다는 것을 파악하게 된다. 뇌의 일정한 부분으로 흘러가는 혈액은 지하 통로를 관통해 나아가는 빛과 같으며, 그 통로의 벽에는 우리가 알고 있던 것들이 그림으로 그려져 있다.

종종 혈관들이 방해하면 우리는 그 미로 속에서 헛되이 방황하면서, 발걸음을 되돌리기도 하고 이곳저곳을 돌아다니다 갑작스럽게 열려 있는 곳을 보게 되기도 하고, 찾고 있던 것이 갑자기 우리들 앞에 나타나기도 한다. 때로는 격렬한 감정으로 인해 완전히 잊었던 것처럼 보이던 일련의 일들이 갑작스럽게 기억 속에 되살아난다. 그래서 기억은 혈관의 확장과 수축 그리고 영양공급의 현상과 관계가 있다는 가설이 힘을 얻게 된다.

　물리적인 현상과 기억이라는 현상 간의 연결은 지쳐 있을 때와 휴식의 새로운 상태에서 더욱 뚜렷하다. 기억력은 빈혈과 약물중독, 뇌의 영양결핍 그리고 노년에 의해 쇠퇴할 수도 있다.

　머리를 다치거나 타박상을 입은 사람들은 어렸을 때의 기억을 잃는다고 한다. 하지만 그 상처가 치료되자마자 그들은 기억을 되찾는다. 열병을 앓고 있는 동안, 그 전에는 까맣게 잊고 있던 일들을 말하지만 회복이 된 후에는 그것들을 전혀 기억해내지 못하는 사람들도 있다.

Chapter 2

반사 행동과 척수의 기능

1

1820년까지 생리학자들은 신경의 기능은 모두 똑같다고 믿었다. 즉, 모두 다 감각기관이라는 것이었다.

하지만 얼굴의 신경을 연구하는 사람은 심한 혼란을 겪게 된다. 처음에 그는 냄새를 맡고, 보고, 듣는 기관들 외에도 뇌와 척수에서 분리되어 얼굴의 내외부를 온통 뒤덮고 있는 3차신경과 안면신경이라는 다른 두 가지 신경이 있다는 것을 알게 된다. 게다가 혀로 향하는 세 가지 신경과 목에서 분배되는 네 가지 신경 그리고 마지막으로 이 신경망의 중앙에서 정교한 사상체와 신경절의 빽빽한 다발을 보게 된다.

영국의 생리학자인 찰스 벨(Charles Bell 1774~1842)이 혼란스러운 이 문제를 해결했다. 그는 얼굴의 가장 중요한 신경은 특별한 감각신경들을 제외한 두 가지로 한정된다는 것을 증명했다. 만약 이 신경들 중에서 삼차(三叉)신경*(제5뇌신경으로 감각과 운동의 뇌신경 중에서 가장 크다. 안신경, 상악신경 및 하악신경의 세 가지로 분리된다)이라는 것이 끊어지면, 그것에 상응하는 얼굴의 한쪽 면에서 모든 감각이 즉시 사라진다. 만약 다른 안면신경이 절단되면 감각은 남아 있지만 얼굴은 활동력을 완전히 잃게 되어 얼굴에는 더 이상 근육의 수축이나 표정의 변화가 일어나지 않는다.

여기에 찰스 벨의 말을 그대로 인용한다. 이 두 가지의 단순한 실험은 여전히 신경계 생리학의 기초이기 때문이다.

"당나귀의 입술로 향하는 다섯 번째 신경을 절단하면 입술의 감각이 없어진다. 그래서 당나귀는 입으로 땅을 헤집거나 땅 위의 귀리를 먹으려 할 때, 느낌이 없으므로 귀리를 모으려 하지 않게 된다. 이와는 반대로 입술로 향하는 일곱 번째 신경을 절단하면 당나귀는 귀리를 감지하지만 모을 수는 없다. 신경의 절단으로 근육운동 능력이 제거되었기 때문이다." * 찰스 벨: 《인간 신체의 해부학과 생리학》 런던, 1826.

손과 다리 그리고 신체의 모든 부분에서 이와 똑같은 일이 일어난다. 어느 한 가지 또는 그 외의 신경쌍이 손상되면, 느끼지만 움직일 수 없거나 움직이지만 느낄 수 없게 된다.

일상적인 환경에서는 아무도 이러한 신경계의 기본적인 두 가지 특성을 의식하지 않는다. 느낄 수 있도록 하는 신경과 운동을 일으키는 신경이 있다는 것을 생각하지 않는 것이다.

위대한 프랑스의 생리학자이며 과학의 대중화에 공헌했던 클로드 베르나르(Claude Bernard 1813~1878)는 혈액 속에 주입된 특정한 독물에 의해 이 두 가지 요소가 어떻게 분리될 수 있는지를 증명했다. 이 독물은 신체에서 가장 접근하기 어려운 부분의 정밀한 신경 지류(支流)들을 파괴한다.

아메리카 원주민이 전쟁에서 사용하는 독화살로 개의 피부를 긁으면 개는 25분 내에 쓰러진다. 치명적인 이 독물인 쿠라레(curare : 남미 토착민이 사용하는 독)는 운동신경을 파괴하지만 사고력과 감각신경의 기능에는 아무런 영향도 끼치지 않는다. 개는 긁혔다는 것을 거의 알아차리지 못한 채 방 주변을 줄곧 걸어 다닌다. 하지만 얼마 지나지 않아 뒷다리가 서서히 뻣뻣해지고 더 이상 마음대로 움직이지 못하게 된다. 그로 인해 신체의 뒷부분이 흔들거리다 쓰러지게 된다.

일어나 비틀거리던 개는 앞 다리도 쓰지 못하게 되면서 그 자리에 가만히 서 있게 된다. 부르거나 가볍게 토닥거리면 머리와 귀와 눈을 움직이고 꼬리를 흔들어 반응한다. 하지만 곧 머리를 들어 올리지 못하게 되고 온몸을 늘어뜨린 채 누워, 마치 편안히 휴식을 취하는 것처럼 조용히 숨을 쉬게 된다. 개를 부르면 아무런 고통도 나타내지 않고 두 눈을 움직이면서 꼬리를 약하게 흔든다.

마침내 호흡기의 근육이 움직임을 멈추게 되면 발작적인 움직임이 완전히 없어지고 생기가 사라진다. 잠시 고정되어 있는 초롱초롱한 두 눈에는 여전히 감각과 지각이 있다.

마치 주변에서 일어나는 모든 일들을 인식하고 이해하는 시체처럼 감정과 의지는 있지만 움직일 수 없어 밖으로 표현할 아무런 수단이 없는 것처럼 보인다.

2

과레치(E. Guareschi) 교수와 함께 사체(死體)의 독을 연구하면서 신체기관을 천천히 파괴하는 물질들이 모두 쿠라레와 비슷한 현상을 일으킨다는 것을 발견했다. 우리의 연구에 따르면 운동신경은 감각기관보다 지속력이 떨어진다.

토끼의 뒷다리에서 혈액순환을 멈추게 하면 이러한 사실을 확인할 수 있다. 땅 위에 내려놓은 토끼는 몇 초 지나지 않아 뒷다리를 움직일 수 없게 된다. 하지만 손으로 살짝 밀면 앞다리를 움직여 잠시 마비된 뒷다리를 끌며 도망치려 한다. 그러므로 갑작스러운 빈혈이 운동성을 파괴할 수는 있지만 감각은 손상되지 않은 채로 남아 있게 된다.

서서히 생명이 꺼져가면서, 혈액순환은 점점 느려지고, 죽음의 고통이 연장될 때면 언제나 호흡기와 심장 근육을 제외한 기관들은 마비되고 지각신경 외에는 모두 죽는 시점이 있다.

마지막 온힘을 다해 자식들의 머리에 얹어 축복해주던 어머니의 손은 이불 위로 내려온 후 다시는 올라오지 못한다. 자식들이 마지막으로 잡아주는 손의 압력은 줄곧 느끼지만 어머니는 손가락을 다시 움직이지 못한다. 하지만 고정된 두 눈은 여전히 마지막 키스를 위해 상체를 숙이는 사랑하는 자식들의 어렴풋한 모습을 보고 있다. 마침내 마지막 숨을 내뱉고 나면, 어머니는 자식들의 슬픈 울음소리를 여전히 듣고 있지만 더 이상 표정으로도 반응하지 못하게 된다.

3

이렇게 우리에게는 감각과 운동이라는 두 가지 종류의 신경이 있다. 이제 무의식적이거나 반사적인 행동의 정확한 개념을 알아보자.

현관이 큰길 옆의 정문에서 멀리 떨어져 있는 커다란 집을 상상해보자. 초인종은 집안에 있으며, 전선은 다양한 구멍들을 통과해 정문 근처의 손잡이에 연결되어 있다. 누군가가 와서 손잡이를 당기면 초인종이 울리고 가정부는 집안의 끈을 잡아당겨 문을 열어준다.

생리학자들은 이런 일련의 행위들을 반사행동이라 부른다. 가정부는 신경중추이며, 초인종의 전선은 지각신경이며 문을 여는 끈은 운동신경이다. 유기체 내에서 우리는 정문 대신 근육이나 분비선(腺)을 보게 되지만 그 구조는 비슷하다. 마치 문을 열어줄 필요도 없으며, 가정부가 서재로 와서 어떻게 해야 할지 묻지 않고도 상상할 수 있는 모든 경우에 하루에도 백번씩 울리는 정문의 초인종처럼 우리의 신경계에는 뚜렷이 구별되는 두 부분이 있다. 신경중추를 의미하는 가정부와 뇌를 의미하는 집주인이다.

그럼 이제 주인이 집에 없을 때, 또는 머리가 잘리고 척수만 남게 된 어떤 동물에게 어떤 일이 생기는지 알아보자. 여기에서도 우리는 주인이 너무 많은 자유를 부여하면 가정부가 무척 거들먹거리게 되어 마침내는 주인을 좌지우지하게 된다는 것을 확인하게 된다.

개구리의 경우를 생각해보자. 개구리는 잠시 몸을 떨며 몸부림치다 미동도 하지 않은 채 누워 있게 된다. 하지만 다리를 만지거나 그 위에 식초를 한 방울 떨어뜨리면, 개구리는 즉시 도망치려하면서 자기 몸에서 식초를 제거하려 한다. 왼쪽 다리에 식초를 떨어뜨리면 오른쪽 다리로 닦아내려 할 것이며, 그 반대의 경우도 마찬가지다.

언뜻 보면 지각에 의한 행위인 것처럼 보인다. 선택에 의해 이루어진 것이라 주장할 수도 있겠지만 이 행위에 지각이 필요하다고 말할 수는 없다. 척수가 절단된 개와 잠을 자고 있는 사람도 이와 똑같은 움직임을 보인다.

이러한 움직임이 개구리나 하등동물에서만 발견된다고 생각해서는 안 된다. 인간도 뇌와 협업이 없어도 절대적으로 필요한 중요한 기능들은 모두 수행한다.

이탈리아의 생리학자인 폰타나(Fontana 1730~1805)는 토끼의 목을 잘라내도 즉시 죽지 않도록 할 수 있다는 것을 발견했다. 또한 그는 사전에 가장 중요한 동맥들을 묶어놓는 조치를 취해 너무 많은 혈액이 빠져나가지 않도록 하고, 풀무를 이용해 인공적으로 호흡을 유지한다면 일정한 시간 동안 살아 있을 수 있으며 외부적인 자극에 반응한다는 것도 알아냈다.

4

만약 책을 집필중인 저자의 혼잣말을 들을 수 있다면, 많은 사람들이 인쇄기가 돌아가는 기쁨을 영원히 포기할 수도 있을 것이라고 생각한다. 글의 행간에서 저자의 낙담과 불확실성과 고통을 읽을 수 있다면, 그리고 거듭된 노력 끝에 어려움을 극복하고 어느 한 구절이 작성되고, 하나의 절이나 문장이 작성되었다는 것을 알 수 있다면 매우 기묘한 경험이 될 것이다. 과학 저작물은 사실에 대한 저자의 의심 그리고 자신의 뜻을 명확하게 설명하지 못해 고통 받는 저자의 근심걱정으로 인해 자주 방해를 받게 된다.

이것을 해결할 방법은 없다. 과학적인 주제를 명확하고 단순한 방법으로 설명하려는 사람은 시시때때로 작업을 멈추어야만 한다. 저자는 자신으로부터 벗어나 독자들의 입장을 취해야만 한다. 자신의 목소리를 편견 없이 듣기 위해 자신이 알고 있는 모든 것을 잊어야만 한다. 그리고 자신이 설명한 것이 쉽게 이해되는지를 판단해야만 한다.

나는 이 과정을 거치지만 독자는 이런 어려움을 겪을 필요가 없다. 과학자의 첫걸음에는 엄청난 노력이 필요하다. 인간의 신체적인 특성을 이해하기 위해 그리고 우리 몸이 얼마나 정교한지를 알기 위해 우리는 우선 신경계에서 지속적으로 작동하는 가장 중요한 기관들을 주의 깊게 살펴보아야만 한다.

언어 연구와 마찬가지로 과학 연구에서도 낯선 언어로 우리들에게 전해지는 것을 이해하기 위해 가장 긴요한 단어들의 의미를 먼저 배워야만 한다.

그동안 뇌와 척수의 활동에 관한 대단히 혼란스러운 생각들이 널리 퍼져 있었다. 튜린 대학의 생리학자인 롤란도(Luigi Rolando 1773~1831)는 연수(延髓: 숨뇌, 뇌의 가장 가까운 곳에 있는 척수의 부분)를 전체 신경계의 중심으로 보아야 한다는 것을 처음으로 명확하게 증명했다.

그의 시대에 신경중추의 구조를 그보다 더 잘 알고 있던 사람은 없었다. 그는 연수가 "신경계의 가장 아래쪽에 있는 육체적인 감각과 본능의 중심지이며, 생명의 중심인 수의운동(隨意運動)의 지휘자"라는 것을 입증했다.

5

여기에서 우리는 어려운 문제와 마주치게 된다. 일부 생리학자들은 그 가정부가 눈이 보이지 않아서 자신이 하는 일을 모르는 채 임무를 수행한다고 주장한다. 그래서 초인종이 울리면 끈을 잡아 당기고, 난로를 따뜻하게 하고, 요리하고, 설거지를 하지만 아무런 식별력 없이 단지 습관에서 비롯된 행동을 자동기계처럼 처리한다는 것이다. 게다가 또 다른 생리학자들은 그녀에게 실제로는 약간의 지력이 있어 판단을 하는 경우가 있으므로 이 집의 영혼은 주인에게만 있는 것이 아니라고도 한다.

이것은 대단히 어려운 문제다. 만약 앞을 보지 못하는 그 가정부가 모든 일을 습관적으로 처리한다면, 그 불쌍한 주인도 앞을 제대로 보지 못하는 것이므로 당연히 그 가정부에게 아무것도 지시할 수 없다고 말해야 한다.

또한 이 문제가 어려운 것은 생존해 있는 가장 위대한 생리학자들이 이 문제와 관계되어 있기 때문이라 말할 수 있다. 골츠(Goltz)와 포스터(Foster)는 개구리의 뇌를 손상시킨 후 물로 가득 채운 용기 속에 집어넣었다. 만약 개구리를 건드린다면, 비슷한 환경에 있는 다른 개구리처럼 헤엄을 치거나 용기 밖으로 튀어나가려는 반응을 보여야 할 것이다. 그때 물은 40도 정도로 데워져 있었다.

그 개구리는 전혀 움직이지 않았으며 물이 끓어오를 때까지 감각이 있다는 것을 나타내는 아무런 움직임도 없었다. 그러므로 척수 혼자서는 생각할 수 없는 것이다.

개구리는 익숙해져 있던 자극을 느낄 때마다 기계처럼 움직인다. (특별한 움직임을 만들어내기 위해 특정한 손잡이를 눌러야만 하는 자동기계처럼) 다른 모든 것에는 무관심해서 전혀 움직이지 않았다. 아무런 고통도 느낄 수 없기 때문이다.

그러므로 움직임을 만들어내는 척수는 아무런 생각을 하지 않는 것이다. 하지만 이성적인 것처럼 보이는 그 밖의 행동들은 모두 어떻게 설명해야 할까?

신경중추의 구조는 지극히 무의식적인 결과들을 이성적인 것처럼 보이도록 할 수 있다. 척수로부터 전달된 자극이 다양한 근육을 거치는 신경통로로 다소간 쉽게 전달된다고 가정해보자.

앞에서 언급했듯이 식초 한 방울을 개구리의 다리에 떨어뜨리면 일정한 근육들이 동시에 움직이게 된다. 즉, 최소한의 저항으로 자극에 대응하는 신경들이 중추에서 만들어내는 것이다. 하지만 개구리가 자극의 원인을 제거할 수 없다면, 자극은 척수에 축적된다. 그렇게 해서 그 힘이 더욱 강해지면 신경의 긴장은 더 잘 견디는 통로로 나아가 다른 일상적인 움직임을 일으키게 된다.

6

의사로 일하면서 척수가 손상되거나 끊어진 사람들을 볼 기회가 몇 번 있었다. 나무에서 떨어지며 어깨뼈 아래쪽 등 부분의 척수가 전지용 낫에 끊어진 어떤 농부의 경우가 가장 기억에 남는다. 그는 두 팔을 움직이고, 말은 했지만 몸의 하반신에는 더 이상 감각이 없었다. 치료를 위해 상처가 난 곳을 건드릴 때마다 다리는 움직였지만 정강이뼈의 상처에서 일어나는 고통은 느끼지 못했다.

홀(Marshall Hall 1790~1857 : 영국의 생리학자)은 모든 생식행위는 척수의 아랫부분에 의존한다는 것을 증명했으며, 브라켓(Brachet)은 비록 하반신이 마비되어 아무런 감각도 없었지만 두 아이의 아버지가 된 어떤 군인의 이야기를 들려준다.

척수를 잘라낸 동물들은 대체로 움직이지 못하며, 뇌에서 분리된 부위는 마비된다. 그 부위를 움직이도록 하려면 건드려야 한다. 등쪽 부위의 척수가 끊어진 개의 뒷다리를 꼬집거나 가볍게 누르면, 움직이거나 오므리기는 하지만 마치 잠들어 있는 사람을 건드릴 때처럼 무의식적으로 그렇게 한다. 자극이 강하면 개는 다른 쪽 다리와 꼬리를 움직인다. 자극이 더욱 강해지면 온몸을 움직이면서 떨게 된다.

뇌가 없는 경우일지라도 가벼운 자극으로 꼬리를 흔들게 할 수는 있다. 강한 자극으로 두 다리 사이로 꼬리를 말아 넣도록 할 수 있다. 이것은 두려움을 나타내는 특징적인 현상들이 의지나 의식의 개입 없이 일어난다는 것을 입증한다.

생기 넘치고 활동적인 젊음의 특징은 보다 더 왕성한 신경계의 흥분성에서 비롯된다. 동일한 방식으로 자극되었을 때일지라도 뇌가 제거된 동물들의 반사행동은 나이와 종족과 신체적인 조건에 따라 전혀 다르게 나타난다. 그 차이점은 신경중추의 해부학적이며 기능적인 차이들과 일치한다.

뇌나 척수의 부분들이 완전히 똑같은 두 사람을 찾는 것은 불가능하듯이, 신경기관의 구조에 나타나는 이러한 차이들이 그 밖의 기능적인 차이들에 실질적인 영향을 끼친다고 볼 수 있다. 따라서 사람들이 자유의지라고 부르는 것은 단지 육체적이며 기계적인 행위일 뿐이며, 원인과 결과에 의해 움직이는 생명체의 자동적이며 무의식적인 반응일 뿐이다.

7

두려움을 일으키는 현상들을 이해하기 위해 우선 자극에 반응하는 신경계에서 나타나는 몇 가지 특수성들을 연구해야 한다. 만약 근육의 수축을 일으킬 수 없을 정도의 아주 미세한 전류로 개구리의 다리를 관통하는 신경을 자극하면서, 전류의 세기를 서서히 균일하게 증가시킨다면 아무런 반응도 일으키지 못하게 된다. 이 실험은 운동신경이 그런 종류의 자극에는 반응하지 않지만 갑작스러운 변화에는 발작적인 움직임을 일으킨다는 것을 보여준다.

예상치 못한 고통이나 공포는 신체기관에 커다란 동요를 일으키지만, 천천히 진행되는 경우 심각한 영향을 끼치지 않는 것이다.

처음 가해지는 자극은 언제나 더욱 강력한 반응을 일으킨다. 이러한 사실은 신경계의 모든 현상에 해당하며, 누구나 경험으로 알고 있다. 또한 반응할 때마다 신경계는 일정한 에너지를 소모하므로, 개구리가 매우 쇠약해져 있을 경우 처음 두세 번 이상의 반응은 하지 못한다.

이제 우리는 어느 정도 준비가 되어 있다면 매우 심각한 사건들도 그다지 뚜렷한 효과를 일으키지 못하지만, 미약하고 예상치 못한 흥분이 유기체 내에 그처럼 강력한 혼란을 일으키는 이유를 이해하게 되었다.

8

두려움이 눈을 감게 만든다고 설명하면서 플리니우스(고대 로마 시대의 군인, 정치가, 《박물지》의 저자로 유명하다)는 갑작스럽게 위협을 받았을 때 20명의 검투사 중에서 눈을 깜빡이지 않았던 사람은 겨우 두 명이었다고 전한다.

그처럼 하찮은 원인이 억누를 수 없을 정도의 뚜렷한 움직임을 만들어낸다는 것은 놀라운 일이다. 우리는 친구가 손가락으로 눈을 찌르지 않을 것이라는 사실은 분명히 알고 있지만, 그것이 장난이라고 확신하지 못하는 것이다. 비록 다가오는 손가락과 눈 사이에 두꺼운 유리가 있다 해도, 이성과 의지를 한껏 발휘해도 많은 사람들이 눈을 깜빡이는 것을 피할 수는 없다. 마치 우리들 내부에 동물적이며 불합리성이 지배하는 본성과 인간적이며 지적인 것이 굴복하는 두 가지의 본성이 있는 것만 같다.

또한 하루살이나 티끌 같은 먼지가 눈 속으로 들어오면 우리는 의지와는 관계없이 자동적인 심리과정에 의해 순식간에 눈을 감는다. 때로는 한 가지 위축뿐만이 아니라 약간 복잡한 일련의 움직임이 자극과 멀리 떨어진 부위에서 일어나기도 한다.

음식을 삼키는 행위에 대한 연구에서 관찰했던 것을 소개한다. 식사를 하는 동안 끊임없이 이루어지는 이 행위는 전혀 자발적인 것이 아니다.

연속적으로 반복해서 삼키려 하면 우리는 입속에 침이 없어 삼키려는 노력이 모두 헛수고가 된다는 것을 금세 알아차리게 된다. 삼키기 위해서는 음식 한 조각이나 약간의 유동체가 입 안쪽에서 점액을 분비하는 세포막을 건드려야만 한다.

이런 방식으로 자극된 지각신경들이 식도의 입구에 있는 음식을 위로 보내도록 척수에 전달한다. 그 즉시 연속적인 명령들이 하나씩 척수에 전달되어 우선 식도의 상부가 수축하고 음식을 약간 아래로 밀어내고, 그 다음 명령이 다음 부분의 수축을 일으킨다. 그 후 또 다른 명령이 내려져 더욱 아래쪽 부분이 수축하도록 한다. 그렇게 식도의 연속적인 부분들이 다양하게 분리된 명령들에 의해 음식이 차례차례 위에 도달할 때까지 전달하게 된다.

그러므로 우리의 신경계 내에는 자동적으로 작동하는 장치가 있어 한 가지 목적을 수행하는 일련의 수축작용을 만들어낸다. 언뜻 보기에는 자발적으로 보이지만 실제로는 기계적이며 무의식적이다. 이러한 장치들 중의 일부는 태어나면서 생긴 것이다. 만약 신생아의 입 속으로 손가락을 집어넣으면 아기는 즉시 빨기 시작한다. 아무도 가르쳐준 사람은 없으며, 실제로 배울 필요도 없다. 자궁 속에서도 태아는 그와 똑같은 행동을 했기 때문이다.

껍질을 벗어나자마자 부리로 먹이를 쪼아대는 병아리의 경우도 마찬가지다. 이 경우 행동을 일으키는 것은 직접적인 접촉이 아니라 빛과 시각의 영향으로, 실제로는 광선을 통해 먼 곳에 있는 물체와 접촉하는 것일 뿐이다. 병아리의 눈에는 곡물의 형상 자체가 아직 형성되지도 않았지만 그것을 쪼아대는 것이다.

우리의 행동들 중에서 생각보다 많은 것들이 자동적이라는 사실은 잠시 동안의 관찰로 확인할 수 있다. 겨울에 침대에서 빠져나와 맨발을 슬리퍼 속으로 집어넣을 때, 발은 차가운 슬리퍼와 접촉하기도 전에 움츠러들며, 그렇게 하지 않으려면 노력이 필요하다.

또한 제화공이 우리 발의 치수를 잴 때, 그가 간질이지 않음에도 불구하고 발을 차분하게 유지하는 것이 약간 어렵다는 것을 알게 된다.

다리미와 같이 매우 뜨거운 물건을 만지게 될 때 우리는 즉시 손을 떼게 된다. 이것은 대단히 유익한 상황이다. 손을 데게 하거나 찌를 것이라고 인식하기 전일지라도 다치게 할 가능성이 있는 물건에서는 손을 떼게 되기 때문이다. 만약 화상으로 인한 고통이 미약하다면 신체의 한쪽 면만 움직이며, 고통이 넓게 퍼져 점점 심해지면 몸 전체를 움직이게 된다.

플뤼거(Wilhelm Pfluger 1829~1910: 독일의 생리학자)가 확립한 이 법칙은 뇌가 제거되거나 의식이 없는 동물은 물론 정상적이며 부상당하지 않은 동물들에게도 적용된다.

갑작스러운 고통에 반응하는 인간의 지극히 전형적인 태도나 움직임은 의지에 의존하지 않는다는 것을 보여준다. 이것은 두려움에 대한 현상들에서 가장 뚜렷하게 나타난다. 즉, 두근거림, 가쁜 숨, 창백한 얼굴, 비명, 놀람, 떨림과 같은 것들은 반사동작이다. 생리학이 발달할수록, 인간의 자유의지가 차지하는 영역은 점점 더 한정되며 무의식적인 행동은 한층 더 늘어나게 될 것이다.

_ Chapter 3 _

생리학적 뇌의 기능

1

뇌가 제거된 동물은 외부적인 자극이 있어야 움직이는 기계와 같다. 뇌가 손상되지 않은 동물 역시 기계이지만, 스스로 움직이고 행동할 수 있는 능력에 따라 구별된다.

뇌가 제거된 동물은 몸의 어떤 부분이라도 아주 가볍게 만지면 즉각적으로 반응하지는 않는다. 가벼운 접촉이 자주 반복될 때만 반응한다. 내게 아주 깊은 인상을 남긴 놀라운 실험들이 있었다. 친구인 크로네커와 스털링이 라이프치히에서 실험했던 것이다.

그들은 머리를 잘라낸 개구리의 한쪽 뒷다리의 발가락 사이에 펜을 묶어 개구리가 움직일 때마다 돌아가는 원통 위의 종이에 기록되도록 했다. 다른 쪽 다리의 발가락 사이에는 전류를 흘려보낼 전선을 묶어놓고, 단속적인 자극이 가해지도록 흔들리는 추로 전류를 막거나 흐르게 했다.

머리 없는 개구리가 규칙적으로 몇 시간 동안 반응하는 것은 신기한 일이었다. 아주 미약한 전류로 자극했을 때, 개구리가 경련하는 움직임으로 반응하기 전까지 대략 30회 정도의 반복적인 자극이 필요했다. 조금 더 센 자극이 가해지면 훨씬 적은 회수에도 반응했으며 생명이 소멸될 때까지 지속되었다.

자극은 척수에 축적된다. 우리는 모두 경험을 통해 그것을 알고 있다. 목구멍에 무언가가 걸려 따끔거릴 때 처음에는 거의 알아차릴 수 없지만, 약한 자극이 지속되면 참을 수 없게 되고 자극을 없애기 위해 기침을 하게 된다. 이탈리아 속담에 있듯이 기침은 아무도 숨길 수 없다. 피부를 가볍게 간질이는 것도 똑같은 반응이 나타나며, 생식기능에서는 반복되는 가벼운 자극이 더욱 더 크고 통제할 수 없는 반사운동을 만들어낸다.

하지만 뇌 속에는 근육운동으로 표현되기 전에 이미 오랫동안 축적되어온 외부의 영향들이 남아 있다. 때로는 서서히 충전되어 긴장 상태로 남아 있던 신경세포가 어떤 접촉이나 아주 미약한 영향에 의해 갑자기 에너지를 방출하게 된다. 그럴 때, 우리는 화들짝 놀라게 되고, 이 우발적인 폭발이 그 순간의 원인과 전혀 어울리지 않는다고 생각하게 된다. 재 밑에서 은근하게 달아오르던 불꽃의 힘이 서서히 축적되고 있었다는 것을 잊고 있었기 때문이며, 그래서 의지가 개입한 것이라고 믿게 되는 것이다.

외부적인 영향들을 축적하고 보존하려는 신경세포의 습성은 생리학의 주요한 사실이며, 나는 이보다 더 중요한 것은 없다고 생각한다.

뇌와 척수의 차이점은 뇌가 외부의 영향들을 더 많이 축적할 수 있다는 것이다. 본질적인 차이 때문이 아니라 이러한 목적을 수행하는 신경세포가 뇌에 훨씬 더 많기 때문이다.

동물의 진화에서 뇌 스스로 형성해온 방식이 뇌의 활동을 더 쉽게 이해할 수 있도록 해준다. 오직 척수만 있는 단순한 생명체들을 생각해보자. 코와 눈, 귀, 입으로 뻗어나가는 신경들은 다른 곳보다 더 지속적인 자극을 받는다. 이러한 신경들의 뿌리에 위치한 세포들은 외부세계의 영향에 의해 끊임없이 흥분하게 된다. 그로 인해 화학적인 작용과 흥분은 더욱 빠르게 나타나며, 더욱 많은 혈액순환이 필요하게 된다.

이 세포들은 감각기관의 뿌리에서 급격히 증가하여 점점 더 넓은 영역을 차지하게 된다. 진화하면서 동물의 신체 구조가 점점 더 완벽해지고, 외부세계와의 관계가 늘어나면서 이곳의 세포들은 더 많아지고 더욱 활동적이게 된다.

마침내 현재와 같은 뇌가 될 때까지 우리 조상들이 이 비옥한 영역을 끊임없이 확장시켜온 결과가 유전이다.(이 유전에 의해 신경중추가 갖추게 된 구조와 기능들을 우리의 자손들에게 전해주고 있다.)

만약 비교해부학의 박물관을 방문하여 신경계 연구를 위해 따로 전시해놓은 유리상자를 살펴본다면, 가장 하등한 동물들은 오직 척수만이 있으며, 뇌에 해당하는 구역에는 아주 작은 돌기만이 있다는 것을 확인하게 될 것이다. 동물의 신체구조가 점점 더 복잡해지면서 돌기는 눈에 띄게 커지고, 고등동물에 가까워질수록 점점 더 커져 마침내는 인간과 같은 최대한의 크기에 도달하게 된다.

2

현대 생리학의 위대한 실험자인 플루랑스(Pierre Flourens 1794~1867)는 "대뇌물질은 모든 부분에서 동일한 기능을 수행하며 만약 한 부분이 제거되면 인접한 것들이 그 임무를 떠맡게 된다"고 했다. 이런 그의 견해는 뇌의 상처들이 척수의 상처보다 훨씬 덜 위험하다는 사실을 어느 정도 확인시켜준다.

살아 있는 환자의 뇌에 감각이 없다는 것을 확인하게 되는 것은 생리학자인 우리들에게도 언제나 놀라운 일이다. 두개골에서 비어져 나온 뇌의 상당 부분을 잘라내야 하는 사람들이 있었으며, 부상당한 머리에서 자신의 손으로 뇌를 움켜잡고 훼손시키는 술꾼이나 미치광이를 본 적도 있다.

생리학자들이 뇌회(腦回: 뇌이랑)가 거의 모두 제거된 개들을 잠시 살아 있도록 하는데 성공한 것은 겨우 몇 년 전의 일이었다. 골츠(Goltz) 교수는 런던의 국제의학회의에서 뇌회가 제거된 동물에게 나타나는 현상들을 직접 보여주었다. 뇌의 대부분이 제거되었을 때 개들에게서 나타나는 현상들을 알아보기 위해 골츠 교수의 논문에서 일부분을 발췌한다.

"뇌가 없는 개는 우둔하고 공허하게 보인다. 눈만 보아도 백치라는 것을 알 수 있다. 움직임은 느리고 명확하지 않다. 어떤 결정을 내리기까지 평상시보다 훨씬 더 많은 시간이 필요한 것처럼 보인다. 걷는 모양은 거위와 같아서 표현하기 어려울 정도로 기묘하고 우스꽝스러우며, 마치 자동기계처럼 언제나 일직선으로 걷는다. 작은 개와 마주치면 타고 넘어가려 하고, 큰 개를 마주치면 머리로 들어 올리거나 넘어뜨리려 하지만 어쨌든 계속 걸어간다. 옆으로 걸음을 옮기기만 하면 아무 방해 없이 지나칠 수 있지만, 개는 마주치는 모든 물체들을 서투르게 넘어가려고 한다.

밥그릇을 제대로 찾지 못하며, 시각보다는 후각으로 찾는다. 눈에 보이는 모든 것을 무작정 물어뜯으며, 심지어 자기 발마저도 아파서 짖게 될 때까지 물어뜯는다. 씹고 있다 입에서 빠져나간 뼛조각은 다시 찾지 못한다.

이런 개들은 더 이상 아무것도 학습할 수 없으며 기존에 알고 있던 것도 모두 잊었다고 할 수 있다. 예를 들어, 평소처럼 주인에게 앞발을 내밀지도 못한다. 뇌를 사용하는 행동은 전혀 못하며, 단지 문을 두드리는 소리가 들리면 짖기는 하지만 언제나 때늦게 짖기 시작한다. 서로를 미워했던 개들은 뇌의 대부분을 상실했어도 마주치게 되면 서로 물려고 한다. 제거된 뇌의 부피에 비례하여 기억은 감소하고 거의 전체가 없을 경우 기억은 완전히 사라진다."

3

뇌의 작용을 디욱 잘 이해하기 위해 우리는 뇌를 두 개의 부분으로 나누어볼 수 있다. 대뇌반구의 아랫부분은 척수와 직접 연결되어 있으며 흥분했을 때 나타나는 무의식적인 행동의 중심이 된다. 뇌회를 구성하는 위쪽 부분도 척수와 연결되며 수의운동(隨意運動)의 중심지로 볼 수 있다.

성인과 어린이의 정신 사이에 커다란 차이가 있는 것은 어린이의 뇌는 상층부가 발달하지 않았기 때문이다. 뇌이랑이 거의 나타나지 않아 의지와 언어의 기관이 부족하다. 커다란 피라미드 모양의 세포들이 나타나고 증가하면서 어린이는 사고력과 언어를 습득하게 된다. 즉, 활동하지 않고 있던 근육과 기관들을 형성하기 위해 아래층과 접속이 이루어지는 것이다. 하지만 중추신경에 있는 이러한 두 개의 층 사이에 나타나는 차이점은 인생 전반에 걸쳐 지속된다.

몇 가지 실례를 들어 설명해보자.

어떤 남자가 뇌의 상층부가 척수와 연락을 주고받지 못하게 되는 부상으로 몸이 마비되었다. 손과 팔은 더 이상 뜻대로 움직일 수 없지만 오랫동안 기다리던 사람이 나타나거나, 감정 영역에 갑자기 충격이 가해지면 손을 들어올릴 수는 있었다. 스스로 눈을 감지 못하는 안면신경 마비가 있었지만, 누군가가 손가락으로 눈을 찌르려는 것과 같은 행동을 하면 눈꺼풀은 즉시 닫혔다.

이 책의 후반부에서 오랫동안 말을 못하던 사람들이 깜짝 놀란 후에 언어를 되찾게 된 경우를 소개할 것이다.

뇌 상층부의 대부분이 제거된 개들은 회초리로 위협하면 제대로 인식하지 못하는 것으로 보인다. 그러나 '찰싹' 하는 소리가 나면 급히 도망치거나 앞으로 달려든다. 뇌반구와 시신경상(視神經床: 간뇌의 대부분을 차지하는 회백질부. 시상)이 제거된 쥐는 소리에 반응하지 못하지만 고양이가 다가오는 것과 비슷한 소리를 듣게 되면 갑자기 일어나 도망친다.

생리학자들은 뇌를 손상시켜 일정한 수의운동의 활동범위를 쉽게 점검한다. 소뇌다리들과 대뇌의 일정한 지점들이 손상되었다면, 개들은 마치 곡예단에 있는 것처럼 오른쪽이나 왼쪽으로만 걷거나 줄곧 뒤쪽으로 또는 원을 그리며 걷게 될 수도 있다. 여전히 의지는 있지만 우리도 종종 그렇듯이 모든 노력은 아무런 소용이 없다. 생각은 하지만 몸은 신경중추의 손상으로 정해진 방향으로만 끌려간다.

클로드 베르나르는 잔인한 운명의 장난으로 오직 뒤로만 행군할 수밖에 없었던 용맹한 노장군의 이야기를 들려준다.

생리학자들은 감정 표현을 담당하는 뇌의 부위를 정확하게 밝히기 위해 노력했다. 즉, 파괴될 경우 생명은 유지하지만 공포와 고통을 표현하지 못하게 된다. 베흐테레프(Bechterev)의 논문은 이 문제를 다루고 있다. 그는 뇌의 이구체(corpora bigemina, 二丘體)와 사구체가 손상된 개는 먹기 싫거나 냄새가 고약한 음식을 주면 짖어대며 이빨을 드러낸다는 것을 확인했다. 하지만 두 개의 시신경상이 제거된 후에는 싫어하거나 화를 내는 표현을 못하게 된다.

그래서 베흐테레프는 감정 표현을 위해 근육을 수축시키는 무의식적인 명령을 전하는 전달 통로들은 뇌의 가장 깊숙한 부분들 중의 한 곳인 시신경상에 집중된다는 결론을 내렸다. 의지를 담당하는 상층부와 감정을 담당하는 하층부는 여기에서 결합되어 격정을 드러내는 모든 근육운동을 자극시킨다.

4

이제 선조들로부터 물려받은 본능적인 특성과 경험을 통해 습득하는 것들을 알아보자.

아주 오래 전에 갈레노스(Galenos 129~200: 고대 로마시대 해부학자)는 무척 단순하지만 유익한 실험을 했다. 그는 어미의 몸에서 갓 태어난 새끼염소를 그 즉시 땅 위로 옮겨놓고, 머리 가까운 곳에 기름, 와인, 꿀, 식초, 물 그리고 우유가 담긴 접시를 놓아두었다. 그후 새끼염소의 첫 번째 움직임을 관찰했다. 잠시 후 일어난 새끼염소는 접시에 다가가 냄새를 맡아보고 결국 우유를 선택했다.

알에서 갓 태어난 새들은 일반적으로 오랜 연습을 통해 얻을 수 있을 것 같은 솜씨로 정확하게 파리를 잡아먹는다. 어떤 나비는 고치를 벗어나면서 즉시 공중으로 날아올라 가장 완벽하게 꽃을 향해 날아가 꽃받침에서 화밀(花蜜)을 빨아먹는다.

이것을 어린이가 느끼는 두려움과 비교해보자. 인간은 태어났을 때 다른 동물들에 비해 전혀 완벽하지 못하다는 것은 분명하다. 인간은 동물들이 태어나면서부터 갖추고 있는 상당한 지식을 교육과 경험을 통해 습득해야만 한다.

부모가 자식을 잘 보살피지 않을수록 유전을 통해 본능적인 지식을 더 완벽하게 물려주게 된다. 이런 유산이 많지 않을수록 자식들의 생존을 지키기 위해 부모가 더욱 많은 보호와 관심을 베풀어야만 하는 것이다.

재산을 물려받는 것이 그렇듯이, 태어날 때 물려받은 열악한 본능은 교육을 통해 지적능력을 향상시켜 더욱 큰 능력을 갖추는 것으로 충분히 보상된다. 직접적인 경험으로 쌓아올린 능력은 본능의 혜택을 더 많이 물려받은 동물들을 훨씬 더 능가하게 된다. 그래서 인간이 나머지 동물들을 모두 지배하는 것이다.

인간이 처음으로 걸음을 배울 때 겪어야 하는 엄청난 어려움을 생각해보자. 어린이는 넘어져본 경험도 없지만 넘어지는 것을 무척 두려워한다. 걸음에 필요한 모든 동작들이 너무 어려워 힘들게 배워야만 하는 과제가 된다. 그러다 점진적으로 의식하지 않아도 되는 문제가 되며, 마침내는 거의 의식하지 않고도 걸을 수 있게 된다. 걸음을 자동적인 것이라고 부를 수는 없다. 걷겠다는 의지가 없을 때는 발을 떼지 않기 때문이다. 하지만 일단 걷기 시작하면, 걷고 있다는 사실을 아주 오랫동안 의식하지 않게 된다.

리보(Ribot)는 발작이 일어났을 때 의식불명에 빠지는 간질성현기증을 앓고 있던 어떤 첼로연주자의 이야기를 들려준다. 극장의 관현악단에서 생계를 꾸려가는 그 연주자는 종종 의식이 사라진 후에도 계속 연주한다고 알려져 있다.

우리는 모두 읽고 있는 책을 이해하지도 못하면서 소리 내어 읽기도 하고, 아무 생각 없이 어떤 단어를 쓰기도 한다. 걷고 있는 동안에 잠에 빠지는 극심한 피로상태를 경험하기도 한다. 처음에는 엄청난 의지를 갖고 노력해야 하지만 마침내는 지극히 습관적인 것이 되어 전혀 의식하지 않는 행동들은 수없이 많다.

그렇다면 의도적인 행동이 자동적인 행동으로 변형되는 원인은 무엇일까?

처음에는 복잡한 행동을 연속적으로 하려면 뇌가 열심히 일해야만 한다. 상층부의 세포들 – 즉, 뇌회의 세포들 –이 참여하지 않는다면 아무 일도 일어나지 않는다. 근육의 모든 섬유조직에 전달되어야 하는 명령과 반대명령의 혼란 상태를 명확하게 이해하기 위해서는 모든 감각기관들의 도움이 필요한 것이다.

이 작업은 유능하고 진보된 관리자의 지시에 의해 완성된다. 그러나 동일한 작업의 반복을 통해 보다 쉬운 경로와 폭넓은 교통수단이 뇌의 하층부에 형성된다. 그 동일한 작업이 점진적으로 아랫부분의 세포들에 의해 즉, 의지의 협력 없이도 수행할 수 있게 된다. 이것은 이해하기 쉬운 일이다. 어떤 일이 더욱 자주 반복될수록 그 메커니즘은 점점 더 영속적인 것이 되어, 뇌의 덜 중요한 부분들에 의해 신속히 처리되는 것으로 끝나게 되는 것이다.

이 문제의 심각한 측면은 생리학자들이 언제나 인간의 가장 고귀한 특성이며, 뇌의 하층부에 있는 자동적인 행동과 보다 감각적인 본능들 중에서 가장 숭고한 감정이라고 생각하는 것을 분류하려 한다는 것이다.

예를 들어, 인간종의 유지를 위해서는 어머니의 자식에 대한 사랑이 절대적으로 필요하다. 수많은 자손을 낳는 하등동물들은 새끼들을 적당히 포기할 수도 있지만, 자손이 드물 경우에는 부모가 오랫동안 더 많은 관심을 기울여 종족을 보존하는 수밖에 없다.

잠시 원숭이의 특성을 살펴보기로 하자. 직접 확인한 사실들을 공들여 집필했던 브레엠(Alfred Brehm 1829~1884: 독일의 동물학자)의 책에서 인용한다.

"젖먹이 원숭이가 자기 힘으로는 아무것도 할 수 없을 때, 어미는 한층 더 상냥하고 다정하게 다룬다. 새끼를 따라다니며 모든 일들을 할 수 있도록 도와준다. 개울에서 씻어주고 애정어린 손길로 털을 매만져준다.

조금만 위험해져도 어미는 소리를 질러 경고하여 자기 품안으로 도망치도록 한다. 복종하지 않을 경우 꼬집거나 손바닥으로 때리는 벌을 주지만 새끼는 어미가 반대하는 일은 거의 하지 않는다. 대부분의 경우 어린 새끼의 죽음은 슬픔으로 인해 어미의 죽음으로 이어진다. 싸움을 한 후에 원숭이들은 보통 부상당한 것들은 그 자리에 버려두지만, 어미들만은 제아무리 무서운 상대일지라도 모든 적들에 맞서 새끼를 보호한다."

다반셀(Davancel)은 원숭이를 죽인 후에 느꼈던 감정을 이야기한다. '그 불쌍한 동물은 어린 새끼와 함께 있었고, 가슴 근처에 총알을 맞았다. 어미는 마지막까지 어린 새끼를 나무의 가지 위로 올리려고 애쓰다 쓰러져 죽었다. 나는 동물을 죽이면서 그처럼 엄청난 양심의 가책을 느껴본 적이 없었다. 죽어가는 동안에도 어미는 탄복을 할 만큼 훌륭한 감정을 보여주었다.'

이것이 본능인지 성정인지 또는 인간과 원숭이의 사랑 사이에 어떤 차이가 있는지를 판단하고 싶지는 않다. 나는 종의 보존을 위해 당연히 그래야만 하는 것이 필요하다고 인정한다. 이런 방식으로 만들어진 메커니즘에 대한 존중은 전혀 폄하될 필요도 없을 것이다.

_ Chapter 4 _

흥분한 뇌 속에서 일어나는 혈액순환

1

꼭 끼는 장갑을 끼면 손가락에서 심장의 리듬과 일치하는 미약한 맥박을 느낄 수 있다. 이런 맥박은 심장이 수축할 때마다 180cc의 – 즉, 보통의 음료수 잔에 담을 수 있을 정도의 – 혈액이 흉강(胸腔)에서 몰려나오기 때문에 발생한다.

맥박이 뛸 때마다 팽창했다가 이전의 크기로 회복하는 동맥이 그렇듯이, 이런 혈액의 파동이 신체의 다양한 기관들을 통과하면 기관들은 부풀어 오르게 된다. 손이 아무런 제약이 없는 편안한 상태일 때는 아무것도 알아차리지 못한다. 하지만 손이나 발을 장갑이나 꽉 끼는 신발 속으로 밀어 넣으면 손가락과 발가락에서 고동치는 무언가를 느끼게 된다.

이것은 혈액이 몰려드는 것이다. 평상시처럼 반응할 수 없게 된 피부는 맥박이 뛸 때마다 지극히 민감한 신경미세섬유들이 압력을 받게 된다. 감염이나 화상으로 손가락이 부풀어 오르면, 그 즉시 그 전에는 알아차리지 못했던 생리적 맥박이 지속되고 쑤시는 듯한 고통이 일어난다. 혈액은 염증이 일어난 부분을 향해 더욱 많이 흐르고, 세포조직의 탄력은 줄어들면서 피부는 점점 더 단단해진다. 계속해서 신경에 전달된 더욱 큰 압력이 상처를 통해 더 강해지면서 끊임없이 뇌에 고통을 전달하여 심장의 리듬과 박자를 맞추게 된다.

혈액 공급이 뇌만큼 풍부한 기관은 없다. 우리 몸에 있는 혈액의 5분의 1이 뇌로 향한다. 베개에 뺨을 묻고 옆으로 누워 있으면 심장에서 뇌로 향하는 혈액의 파동소리를 듣게 된다. 맥박이 뛰면서 동맥들이 피부를 올리면서 베개에 약한 마찰을 일으켜 귀로 전달된다. 하지만 이것은 목의 경동맥이나 손을 비롯한 요골동맥에서 느끼는 것처럼 혈관 벽을 두드리는 것은 아니다.

만약 의사들이 의학의 초기부터 지금까지 맥박을 짚어보는 일만 했다면 여러 가지 감정들의 생리학과 혈액의 순환에 대한 중요한 사실들은 여전히 알려지지 않았을 것이다.

과거의 방법으로는 뇌와 손과 발에서 혈액의 움직임이 일으키는 지속적이며 다양한 변화들을 전혀 관찰하지 못했을 것이다.

생리학자들은 어느 도시의 흥망성쇠를 연구하려는 사람과 같다. 그 일은 오직 테라스에 서서 오고 가는 군중들과 끊임없는 인파의 흐름을 관찰하는 것만으로 할 수 있다. 최근에 이르러서야 우리는 지붕을 통해 집안으로 들어가, 각 가정의 내부 생활을 엿보는데 성공했다. 일을 하고 있거나 쉬고 있는 동안 여러 기관에서 오고가는 혈액의 흐름을 연구할 수 있게 된 것이다.

미세혈관과 몸 속 기관들의 맥박은 난해하고 미묘한 현상이어서 연구를 위해 맥박을 더욱 강하게 만들어줄 특별한 기구들이 필요했다. 나는 과학을 속되게 만들 것이라는 두려움으로 기술적인 면은 감춰야 한다고 생각하는 다른 많은 사람들처럼 연구하지는 않을 것이다.

모든 실험의 과정에는 재미있는 일들이 많지만, 무미건조하고 엄격하게 작성되는 과학논문에서는 그런 재미들이 완전히 사라져 버리고 만다. 하지만 나는 연구하는 과정에서 있었던 재미있는 일들을 소개할 것이며 기꺼이 대중과학서의 형식을 따를 것이다.

2

인간 뇌의 혈액순환에 관한 나의 첫 번째 논문은 슬픈 기억을 떠오르게 한다. 1875년 6월 친구인 카를로 기아코미니(Carlo Giacomini) 교수가 매독 병실에 있는 환자 한 명을 소개해주었다. 37세의 농부인 그녀는 여섯 명의 자녀를 낳은 후 어머니로서는 가장 끔찍한 그 질병에 감염되었다. 9년 동안 치명적인 독이 뼈 속으

모소의 뇌 실험에 참여한 마르게리타. 인간의 뇌의 움직임을 최초로 관찰할 수 있었던 실험이었다.

로 침입하여 골격의 대부분을 차지했으며, 코뼈에서 후두부까지 두개골의 윗부분을 파괴했다.

의술은 그 질병을 저지하는데 아무런 쓸모도 없었다. 기아코미니 교수가 병원에 입원시켰을 때, 그녀의 얼굴 형태는 손상되어 있었고 몸은 종기와 상처 자국으로 뒤덮여 있었다. 두피는 여기저기 떨어져 나갔고, 침식된 두개골은 마치 살 속에 넣어놓은 메마른 뼈처럼 거무스름했다.

당시에 나는 처음으로 함몰된 뼈의 갈라진 틈새로 뇌의 움직임을 보았다. 8년이 지났지만 아직도 그 순간을 생각하면 당시에 그랬던 것처럼 온몸이 오싹해진다.

그 환자는 효과적인 치료 덕분에 기력을 회복하고 몇 주가 지난 후에는 정원을 거닐 수 있게 되었다. 바로 그 무렵에 우리는 그녀의 뇌를 연구하기 시작했다. 우리가 만들었던 다양한 기구들에 대한 상세한 설명은 하지 않겠다. 다만 다양한 시도를 하느라 시간을 많이 허비했고, 마침내 준비가 되었을 무렵에는 가장 적절한 시기가 지나 상처가 두꺼운 딱지로 뒤덮이고 뇌의 박동이 둔해졌다는 것만은 밝혀야겠다. 그럼에도 불구하고 우리는 어느 정도 중요한 관찰을 할 수 있었으며, 얻어낸 결과들은 당시로서는 대뇌순환의 생리학에 있어 가장 완벽한 것이었다.

그 기구의 정교함과 우리 연구의 정확성을 증명할 수 있는 일이 있었다. 어느 날 우리는 기아코미니 교수의 실험실에 모여 환자의 뇌를 관찰하기로 했다. 안락의자에 앉아 있던 그녀는 멍한 상태인 것처럼 보였다. 연구실 내에는 몇 명의 관찰자들도 있었으며, 환자의 등 뒤에서 조용히 있도록 했다. 엄숙한 침묵 속에서 우리는 기록 장치에 기록되는 대뇌 맥박의 그래프를 관찰했다. 그런데 갑자기 아무런 외부적인 원인도 없이 맥박이 급히 올라갔고 뇌의 크기가 늘어났다.

나는 그 상황이 아주 이상했다. 그래서 그때 기분이 어땠는지 물어보자 그녀는 괜찮았다고 대답했다. 하지만 뇌 속의 혈액순환이 크게 변하는 것을 본 나는 우선 기구가 제대로 작동하고 있는지를 꼼꼼히 점검해보았다. 그 후에 그녀에게 약 2분 전에 생각했던 것을 자세히 말해달라고 부탁했다.

그녀는 아무런 생각 없이 자기 앞에 있는 책장을 살펴보고 있다가, 책들 사이에서 언뜻 두개골을 보았으며, 그것이 자신의 병을 생각나게 해 깜짝 놀랐다고 했다.

이 불쌍한 여성의 이름은 마르게리타였다. 약간 겁이 많았지만 우리가 살펴보며 연구하는 것을 기꺼이 허락해주었으며, 예의 바른 태도를 갖추려 노력하던 우리를 전적으로 믿고 있었다. 자녀들이 종종 찾아왔지만 그녀는 끔찍하게 일그러진 얼굴로 고향으로 돌아가는 것이 부끄럽다고 했다. 그래서 가족이 없는 이곳에 남아 병원의 다른 환자들을 돌보고 있었다. 몇 년 후에 나는 그녀를 다시 찾아갔다. 격려하기 위해 손을 꼭 쥐어주자 그녀는 이제 죽고 싶다는 소망은 버렸다고 말했다.

3

튜린을 비롯한 여러 곳에서 연구를 위한 새로운 기회들이 생기면서 우리는 뇌에 대한 관찰을 계속할 수 있었다. 그중 정신병원에서는 두개골의 일부가 없는 소년을 만나게 되었다. 1877년에는 샌 지오바니에 있는 병원에서 앞이마에 구멍이 나 있는 한 남성을 우연히 만나게 되었고, 마지막으로는 두개골에 구멍이 나 있는 아주 건강한 남성을 만나 연구를 이어가면서 마무리를 할 수 있었다. 아직 이 남성에 대한 관찰 결과와 실험들은 발표할 기회가 없었다.

과학의 새로운 분야에 들어설 때 우리는 각 단계에서 중요한 현상을 놓쳐버린 것은 아닐까를 불안해하며 안절부절 못한다. 가장 결정적인 의문들에 용감하게 맞설 수 없을 것이라는 두려움도 있다. 가장 만족스러운 결과와 가장 난해한 현상들을 찾아내지 못할 것이라는 두려움도 있다. 과학책에 간단한 몇 줄의 문장을 쓰기 전에 우리는 이런 두려움들을 극복해야만 한다.

의사들 중에서도 어떤 사실이나 관찰의 역사를 써내려갈 수 있는 사람은 그리 많지 않다. 그들은 대부분 논문에 서술되어 있는 전문적인 용어로 사실을 설명하는 법을 알고 있을 뿐이며, 생각의 전개 과정을 살펴보는 수고를 떠맡는 사람은 아주 적다. 그럼에도 인간의 본질에 관한 연구에서 문제의 다양한 면모를 추적하는 것보다 더 흥미진진한 일은 없다. 어디에서 생각이 발생하는지를 확인하고 그 본질을 캐물었던 최초의 수단들을 알고 난 후 갑작스러운 방법의 변화들, 사건들과 오류와 정정 그리고 마침내 과학을 위한 객관적인 사실을 쟁취하는 기쁨을 누리는 것보다 더 흥미진진한 일은 없다.

연구실에서 어떤 연구가 어떻게 진행되고 있는지 손쉽게 확인할 수 있게 된다면 앞으로 실험과학을 따르는 사람들이 훨씬 더 늘어날 것이라고 믿는다.

이것은 인내력이 필요한 작업이다. 대자연의 언어를 배우는데 있어 유일한 어려움은 자연을 향해 질문하고 대답하도록 강제할 수 있는 방법을 찾아내는 것이다. 이러한 분투 속에서 비천한 난쟁

이족인 우리 인간은 삶의 비밀을 얻어내기 위해 지속적으로 투쟁해왔다. 어두운 그림자 속에서 한줄기 빛을 찾아내는 것은 학자와 예술가의 상상력이었다.

4

앨버토티(Albertotti) 박사와 함께 연구했던 두 번째 사례는 상냥한 성격의 11살짜리 소년이었다. 소년은 두 살이 되기 전에 테라스에서 떨어져 두개골이 부서지면서 뇌에 심한 충격을 받았다. 2년 반이 지난 후에는 간질 발작이 일어나기 시작했고, 그 이후에는 정신이상 증세가 나타났다. 그래서 가족들은 소년을 튜린에 있는 정신병원에 보낼 수밖에 없었다.

1877년 2월에 처음 만났을 때, 오른쪽 눈 약간 위의 두개골에 난 커다란 구멍은 피부에 덮여 있었다. 구멍은 소년의 손바닥 정도의 크기였으며, 그 우묵한 곳에서 뇌의 고동을 느낄 수 있었다. 그 끔찍했던 추락은 소년의 지적 발달을 가로막았다. 몸집이 커다란 아기처럼 명랑했고, 미소를 지으며 활기가 있었지만 말은 할 수 없었다. 이렇게 무너져버린 정신 속에 오직 한 가지 기억만은 남아 있었다. 어릴 적의 지적 생활의 흔적인 '나는 학교에 가고 싶어요'라는 말을 끊임없이 반복했던 것이다.

그동안 연구했던 모든 환자들 중에서도 이 소년의 연구가 가장 어려웠다. 백치라는 최소한의 장애물이 엄청난 어려움이 되었다. 소년에게는 기구를 전혀 사용할 수 없었다. 언제나 안절부절 못하고 머리에서 기구를 잡아채 손에 잡히는 모든 것을 부수어버렸다. 소년이 잠들어 있는 동안, 잠깐 놀라게 만드는 것으로 몇 가지 관찰만 할 수밖에 없었다. 하지만 소년은 규칙적으로 잠들지 않았으며, 아주 늦은 밤에 찾아갔을 때에도 여전히 깨어 있곤 했다. 이것은 간질성 발작의 전조가 되는 불면증보다 심각한 야행성 흥분상태였다. 끔찍한 발작을 일으키기도 했지만, 다음 날에는 너무나도 깊이 잠이 들어 있어 그것이 과연 자연스러운 현상인지 의심이 들 정도였다.

기진맥진해져 혼수상태에 빠져 있는 동안 뇌의 혈관들은 긴장이 풀린 것처럼 보였으며 심장이 수축할 때마다 박동은 점점 더 강해졌다. 환자를 깨우지 않을 정도의 미세한 소음도 뇌 속에 변화를 일으키면서 더 많은 혈액을 분출시켰다. 소년을 가만히 건드리거나 등불을 들고 다가서는 것만으로도 그 즉시 뇌의 부피가 늘어나고 맥박의 곡선이 크게 상승했다.

이름을 부를 때마다 마치 혈액의 격렬한 파도가 뇌 속으로 몰려들어가 뇌회를 부풀어 오르게 하는 것처럼 보였다. 이 현상은 일정해서 깊게 잠들어 있는 동안에도 뇌는 여전히 외부세계의 영향에 민감하다는 것이 분명했다. 깨어날 때까지 흔들 경우, 마치 의식에 필요한 육체적인 조건들이 복원되는 것처럼 혈액순환이 조금씩 변화한다는 것도 확인할 수 있었다.

　소년은 종종 불분명한 말을 했으며, 눈을 뜨거나 손을 움직이다가 천천히 이전의 혼수상태로 되돌아갔다. 그러는 동안 맥박이 점점 약해지고, 뇌의 부피는 줄어들며 호흡하는 리듬과 세기가 변하는 것을 확인했다.

　이 설명할 수 없는 수면주기를 방해하는 외부적인 요인이 전혀 없을 때, 고요한 밤에 작은 등불을 비추며 뇌에서 일어나고 있는 일을 관찰하는 것은 흥미진진한 일이었다. 뇌의 맥박은 10~20분 동안 지극히 규칙적이고 대단히 약했으며, 그 후에 갑작스럽게 뚜렷한 원인도 없이 더 활발하게 뛰었다. 그런 다음 동요는 가라앉고 두 번째 고요한 기간이 찾아왔다. 그 후에는 뇌회를 넘쳐흐르는 보다 강한 혈액의 물결이 일어나고 박동의 높이를 끌어올렸다. 이것은 모두 뇌에 장착되어 있던 장치에 자동적으로 기록되었다.

　우리는 거의 숨도 쉴 수 없었다. 기구를 살펴보고 있는 사람은 소년의 손을 누르고 있는 사람과 신호를 주고받았다. 서로 묻고 싶은 것도 많았고 호기심으로 가득 찬 표정으로 마주보면서도 소리는 내지 않도록 애써야만 했다.

　이 불행한 소년의 휴식을 위해 가끔씩 꿈이 찾아오는 것은 아니었을까? 어머니의 얼굴이 떠올라 소년의 사고력에 드리워진 어둠에 빛을 비추어 뇌가 뛸 수 있도록 해주는 것은 아니었을까? 아니면 아무런 의미도 없이 앞뒤로 흔들리는 고장난 기계의 눈금처럼 단순한 병적인 현상이었던 것일까? 아니면 적막한 바다의 밀물과 썰물처럼 알 수 없는 어떤 물질의 들썩임이었던 것일까?

이 연구가 우리에게는 만족스러웠지만, 주변 상황은 무척이나 쓸쓸했다. 보호시설이 있던 그 지역도 그와 비슷한 특징이 있었다. 늦은 겨울밤, 적막한 거리를 걷다보면 조용히 눈 위에 찍히는 내 발자국 소리조차 들을 수 없었다.

공동침실의 흐릿한 등불은 구석진 곳까지 밝히지는 못했다. 그곳에 있는 비참한 사람들의 수면을 방해하지 않기 위해 제아무리 조심스럽게 들어가려 해도, 그들은 여전히 침대에 꼿꼿이 걸터앉아 있었다. 마치 나를 기다렸다가 지나쳐가는 내게 날카롭게 소리칠 준비를 하고 있는 것처럼 보였다. 차가운 겨울 날씨에도 불구하고 벌거벗은 채 이불도 덮지 않은 어떤 사람들은 멍한 눈으로 나를 응시했다. 광기에 휩싸여 자신과 다른 사람들을 해치지 못하도록 묶여 있던 또 다른 사람들은 사나운 눈길로 나의 걸음걸이를 뒤쫓았다.

뇌를 연구하기 위해 그들을 찾아온 나와 의사에게는 정말 음산한 광경이었다. 그 병실들의 끝에는 내가 환자를 관찰하던 작은 침실이 있었다. 나는 자주 조사를 멈추고 엄청나게 시끄러운 곳을 찾아가 딱 일분만 조용히 해달라고 애원을 해야 했지만 아무런 소용도 없었다. 달래거나 겁을 주거나 모두 마찬가지였다. 밤늦은 시간에 실패한 실험에 낙담하여 그 고통의 장소를 떠날 때면 여전히 깨어 있던 그들은 스핑크스나 미소 띤 악마처럼 나를 뚫어져라 바라보았다. 그리고 황량한 거리로 다시 나서게 되면 마치 유령의 환영으로부터 이제 막 도망쳐온 것만 같았다.

5

뇌 속의 혈액순환을 연구하려는 생리학자들은 나의 베르티노보다 더 적합한 환자를 찾으려면 꽤나 오랜 시간을 기다려야 할 것이다. 그는 이마의 정중앙에 구멍이 나 있었다. 인간의 심장을 들여다보고 싶었던 고대 그리스 철학자가 원했던 것처럼 그 구멍은 두개골 안쪽을 연구할 수 있도록 일부러 만들어진 것만 같았다.

안타깝게도 그는 아주 잠깐 튜린에 머물었고 나는 일주일 동안만 그를 연구할 수 있었다. 향수병을 앓고 있는 억센 산악지대 사람이었던 그는 외모가 어그러진 것을 부끄러워했다. 1877년 7월 마을의 종각 밑에서 일하고 있을 때 지붕에서 일하던 벽돌공이 14미터 높이에서 떨어뜨린 벽돌이 그의 머리 위를 강타했던 것이다. 베르티노는 마치 번개에 맞은 것처럼 그 자리에 쓰러졌다.

그는 아무것도 기억하지 못했으며, 심지어 벽돌에 맞았던 것도 기억나지 않는다고 했다. 한 시간 후에 의식이 돌아온 그는 벽돌에 맞기 전에 지붕 아래쪽에서 벽돌을 물속에 담그고 있던 동료를 지켜보고 있었던 것까지 기억했다. 그후 암흑 속으로 빠져들었고 제

정신으로 돌아왔을 때는 놀랍게도 침대에 누워 있었고, 외과의사가 시계를 보여주며 지금이 몇 시인지를 물었다고 했다. 그 순간부터 그의 정신은 지극히 명료한 상태를 유지했다.

당시의 강한 타격으로 앞이마의 정중앙에 동전 크기의 구멍이 생겼다. 부서진 뼛조각을 제거하자 박동하고 있는 뇌가 보였다. 환자는 운동능력과 사고력, 언어능력과 기억력을 전혀 잃지 않았다. 단지 매우 두려워하고 있으며 지극히 사소한 일들도 믿지 않고 겁을 내는 표정만 지을 뿐이었다. 그는 표정을 감추려 애썼지만 아무런 소용이 없었다.

두개골이 골절되었을 경우, 연구하기에 적절한 시간은 매우 짧다. 구멍이 크게 난 부상의 경우에는 기구를 장착하기 어려웠다. 작은 부상은 장착이 수월하지만 빨리 아물기 때문에 구멍이 훨씬 더 빨리 닫히게 된다. 내가 베르티노를 만났을 때 최적의 시간은 이미 지나 있었다. 그럼에도 불구하고 생리학자들은 베르티노에 대한 연구논문은 지금까지 발표된 것들 중에서 가장 완벽한 것이라고 평가했다.

그를 다시 만나고 싶었던 나는 18개월 후에 편지를 보내 튜린을 방문해줄 것을 부탁했다. 그 즉시 나를 찾아온 그는 만약 그때 병원에서 도망치지 않았다면 우울증으로 죽었을 것이라고 했다.

고향에서 아내와 아이들과 들판이 자신을 기다리고 있는데, 죽어가는 사람들로 가득 찬 병실에 있는 것은 참을 수가 없었다고 했다. 두개골의 구멍은 차단되었고 뇌의 움직임은 더 이상 볼 수 없었다.

6

자, 이제 뇌가 어떤 기록을 남겼는지 확인해보자. 나에게는 장치를 이용해 작성했던 몇 권의 기록이 있다.

그것들 중에서 1877년 9월 27일 밤, 베르티노의 뇌가 작성한 기록을 실례로써 소개한다.

그는 소파에 누워 있었다. 그의 이마에 뇌의 움직임을 그려줄 기구를 설치한 후, 그가 잠들기를 기다리며 원통 위에 기록을 시작한 펜을 지켜보고 있었다. 처음에 펜은 커다란 파동을 그리며 뇌의 혈관 내에 커다란 동요가 있다는 것을 분명하게 보여주었다. 사방은 고요했지만, 맥박선들은 시시때때로 그 형태나 높이가 크게 변형되었다. 그때 어떤 생각을 했는지 물어보고 싶었지만 그가 빨리 잠들 수 있도록 물어보지 않았다.

마침내 파동이 감소하기 시작했고, 높이가 낮게 잦아들면서 때로는 서서히 잔잔한 호수처럼 긴 휴식기를 거치며 서로 분리되기도 했다. 그러는 동안에도 가끔씩 작은 파도가 일렁거리며 평온한 수면을 방해했다.

마침내 베르티노가 잠들었다. 의식은 사라졌으며, 일상의 고단

그림 1 • 수면 중인 뇌의 맥박

한 생각들은 멈추었다. 단지 신경계의 마지막 초병만이 여전히 경계를 서고 있었다. 아주 작은 소음에도 혈액의 흐름은 뇌의 표면을 불안하게 만들었다.

병원의 시계가 시간을 알리거나, 누군가 통로를 따라 걷거나, 내가 의자를 옮기거나, 옆방의 환자가 재채기를 하면, 아주 작은 그 소리들은 뇌의 혈액순환에 뚜렷한 변형을 일으켰다. 이 모든 것은 그 즉시 뇌가 이끄는 대로 기록장치의 종이 위에 기록되었다.

한 시간 반이 지나 베르티노가 숨을 고르게 쉬는 것을 확인한 나는 조심스럽게 일어나 그의 머리맡으로 다가갔다. 그때 곡선은 아래쪽 화살 ↓을 나타내고 있었고 나는 조용히 그의 이름을 불렀다. '베르티노.' 그는 움직이거나 대답하지 않았다. (그림 1)의 곡선을 살펴보면 아래쪽 화살↓ 이전에도 네 번의 박동이 그 전보다 약간은 높게 나타났다는 것을 알 수 있다. 뇌의 부피가 처음으로 늘어났던 것은 베르티노에게 다가가기 위해 일어나면서 무심결에 만들어낸 아주 작은 소음 때문이었다.

그의 이름을 부른 후, 뇌는 이전 것들과 같은 형태의 박동을 세

번 기록했다. 그 후에 맥박은 변화했으며 펜은 다른 것보다 더 높은 네 번의 박동을 기록했다. 이것은 내가 '기복'이라고 부르는 것의 시작이다. 다음으로 박동하는 동안 맥박선은 점점 떨어져 그 이전의 높이까지 내려갔다. 이 곡선의 시작에 나타난 박동의 형태와 마지막 박동의 형태를 비교해보면 그의 잠을 중단시키지도 못할 아주 미약한 감정도 커다란 변형을 일으키기에 충분하다는 것을 알게 된다.

하지만 두려움을 느끼는 동안 뇌의 혈액순환에 나타나는 변동은 훨씬 더 크다. 그가 머리나 손을 움직여 실험을 방해할 때, 가끔 일부러 비난하거나 위협을 하면 언제나 매우 강한 박동으로 이어졌다. 뇌의 맥박은 그 전보다 6~7배는 더 높아졌고, 혈관은 팽창하고 뇌는 부풀어 오르고 격렬하게 고동쳤다. 생리학자들은 뇌의 혈액순환에 관한 나의 연구에 수록된 곡선들을 보고 깜짝 놀랐다.

7

1822년 캐나다에서 알렉시스 세인트 마틴이라는 병사가 근접거리에서 총에 맞았다. 총알은 위에 구멍을 내며 복부를 관통했다. 몇 개월 후 버몬트 박사의 치료에 힘입어 그는 완전히 회복되었지만 복벽에 남아 있는 구멍을 통해 위를 살펴볼 수 있었다.

미국의 생리학자들은 마치 창으로 들여다보듯 그 구멍을 통해 소화작용을 하고 있는 위를 관찰할 수 있었다. 이 병사의 관찰을 기록한 보고서에는 '소화가 시작되자마나 위는 더욱 붉어진다'고 작성되어 있다.

나중에 생리학자들은 또 다른 관찰들을 통해 음식물을 씹는 동안 침샘은 점점 붉어지며, 오랜 시간 활동하는 근육들은 더 많은 혈액을 담고 있다는 것을 밝혀냈다. 우리는 모두 장시간 일한 사람의 눈이 점점 붉어지고, 오래 걷고 난 후에 다리가 부으며, 펜싱을 할 때 칼을 쥐고 있는 팔과 손의 근육들이 점점 두꺼워진다는 것은 이미 알고 있다.

이러한 사실들로부터 활동 중인 기관에 혈액이 더욱 풍부하게 공급된다는 예외 없는 한 가지 법칙을 이끌어낼 수 있을 것이다.

우리 몸의 기관들은 작업 능력을 증가시키기 위해 연료를 공급해야만 하는 다른 많은 기계들과 같다. 하지만 통상적인 기계장치에서는 서투른 직공이 화력을 유지하면서 운동을 지시하는 반면에, 우리의 몸은 너무 완벽해서 그 안의 모든 기관들 스스로가 조화롭게 목적을 수행한다. 작업 중인 근육에서는 음식의 화학적 힘을 수축으로 전환시키기 위해 혈관이 확장되어 보다 쉽게 연료를 전달한다. 침샘은 더욱 많은 양의 타액을 분비해야 하기 때문에, 소화작용을 하는 위는 혈액순환이 더 빨라진다. 작은 정맥들은 위에 포함되어 있는 분비액을 흡수하며 근육들은 음식물을 섞기 위해 더욱 빠르게 수축한다.

모든 작업기계들처럼 우리의 몸은 연료를 소모하고 분해할 뿐만 아니라 활동을 통해 몸의 여러 부위들을 소비한다. 근육들이 수축할 때마다 그리고 정신적인 작업을 하는 동안 뇌와 세포들의 모든 감각들은 여러 기관들을 소비한다. 혈액은 생명의 불꽃을 유지하기 위해 몸의 모든 부분을 지속적으로 흐르는 동시에 그을음이나 연소의 잔해들을 치우며 몸의 가장 먼 구석들까지 청소한다.

혈관은 이완되거나 확장된다. 영양공급과 유기적인 변화는 보다 더 빨라지며, 혈관벽을 통해 보다 더 쉽게 천천히 흘러가며 영양을 공급한다. 또한 모든 곳에서 잔여 생산물들을 끌고 가 신장으로 옮긴다. 이러한 과정이 혈액을 정화시키며, 작동하는 유기체의 찌꺼기들을 소변과 함께 배출한다.

정신적인 활동과 흥분 그리고 깨어 있는 동안 뇌 속의 혈액순환이 어떻게 가속되는지 살펴보았다. 우리는 다음 장에서 이 주제로 돌아올 것이며, 몸의 다른 모든 기관에서 만들어지는 그러한 변화들을 바탕으로 기계장치를 보다 세밀하게 연구할 것이다. 이 주제는 생리학자들에게 매우 중요하다. 생리학적 현상들과 유기체의 물질적인 기능들을 연결시키는 그 가느다란 연결을 보다 명확하게 설명할 수 있는 다른 방법이 없기 때문이다.

우리들의 '자아'에 직접적인 변화를 일으키기 위해서는 뇌로 스며드는 혈액의 속도를 조금 늘리거나 줄이는 것만으로 충분하다. 의식이 차지하고 있는 기관들에 있는 분자들의 평형상태는 몸의 다른 부분들의 기능에는 거의 영향을 끼치지 않는 원인들에 의해 크게 교란된다.

뇌에서는 영양공급이 보다 더 적극적이며 뇌를 구성하는 물질들의 상태는 보다 더 변하기 쉽기 때문이다. 심리적인 현상들의 장엄함은 그것들이 일어나도록 하는 육체적인 사실들이 한층 더 복잡하다는 것에 원인이 있다. 만약 몸의 기능들 중에서 아주 적은 유기적 변화에 가장 민감한 것이 무엇인가를 묻는다면, 나는 주저 없이 '의식'이라고 대답할 것이다.

8

종종 환자들의 뇌를 관찰하면서 그 구조와 기능을 깊이 생각해보고 그곳을 흐르는 피를 보면서 내가 뇌세포들의 정신세계로 스며들 수 있다면, 신경중추의 미로 속에 뻗어 있는 미세한 지류들을 동요시키는 움직임들을 추적할 수 있다면 좋겠다는 상상을 하곤했다.

유기적인 변화와 질서, 조화, 가장 완벽한 연결의 법칙을 배울수 있다면 좋겠다고 생각했지만 나의 정신은 틀에 박혀 있었으며 상상력의 고삐를 잡았지만 나는 아직 아무것도 보지 못했으며 사

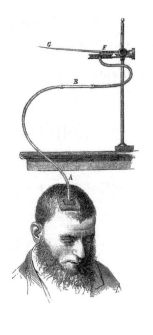

◀ 대뇌피질의 움직임을 관찰한 실험. 뇌가 활동을 하기 시작하면 혈류가 증가한다는 것을 최초로 관찰했다.

고의 근원에 침투할 수 있다는 희망을 주는 아주 희미한 빛도 보지 못했다.

연구를 진행하면서 뇌가 활동에 진입할 때 보다 빠른 혈액순환을 위해 자연이 준비하고 있는 메커니즘을 발견할 수 있었다. 나는 뇌가 육체적인 활동으로 드러내는 일정한 현상들에 감탄했던 첫 번째 사람이었다.

하지만 뇌가 내 눈앞에서 뛰고 있을 때, 그 안에서 생각들이 소용돌이치고 있을 때, 잠이 들어 있을 때 생리학 연구의 가장 정확한 방법으로 뇌의 기능들을 면밀히 조사했지만 그 정신적인 과정의 본질은 여전히 미스터리로 남아 있다.

우리는 모두 정신의 기능은 자연적인 원인의 부단한 연속이며, 가장 단순한 반사운동에서 본능, 이성, 감정 그리고 의지로 단계적으로 이끌어가는 물리적이며 화학적인 행위들의 산물이라고 믿고 있다. 하지만 여전히 의식의 본질을 이해하기는커녕 어렴풋이나마 알아차릴 수 있도록 이끌어주는 것은 아무것도 찾아내지 못했다.

우리는 생리학의 좁은 분야가 아닌 과학의 전체 영토에서 비롯된 실증철학의 영역에서 가장 확고한 신념을 얻는다. 우리는 외부 세계의 영향들이 신경에 스며드는 흐름을 형성하며, 배제나 방해 없이 중추에서 스스로를 퍼뜨리고 변형시켜 최종적으로 생각이라는 탁월한 형태로 다시 나타나도록 한다고 짐작한다. 이것이 먼 고대 철학자들이 갖고 있던 영혼의 개념이며, 이것이 현대 심리학의 기반이다.

사고는 운동의 형태일 것이라고 가정할 수 있다. 오늘날의 과학이 상세하게 알려진 모든 현상들은 원자의 진동(振動)과 분자의 변위(變位)로 단순화할 수 있다고 논증하고 있기 때문이다.

나는 다른 사람의 뇌가 갖추고 있는 것을 유추하여 나의 뇌에 대해 생각할 수는 있다. 하지만 나를 외부적인 관찰로부터 내부적인 관찰로 건너가게 해주는 다리는 찾을 수가 없다. 즉 육체적인 현상들과 심리적인 현상들 사이에는 우리가 건너갈 수 없는 심연이 있는 것이다.

고대인들은 영혼을 하나의 조화로서 생각했다. 하지만 상상력과 기억과 열정 그리고 생각의 탁월한 조화가 어떻게 뇌를 구성하는 분자들의 진동에서 유래하는 것인지는 아무도 모른다. 심리적인 사실들과 에너지의 변형을 연결시켜 주는 길은 아직 나타나지 않았다. 글을 작성하고 있는 내 손 근육들의 기계적인 작업을 일으키는 화학적 변화는 알고 있지만 생각하고 지시하는 내 뇌의 작업

과정은 모른다.

　많은 사람들이 우리 몸의 근육과 분비선들이 작업에 의해 점점 뜨거워지기 때문에 뇌와 신경 역시 활동하는 동안 점점 따뜻해진다고 생각하고 주장해왔다. 나로서는 이러한 실험에 사용된 방법들의 정확성을 의심하며, 그것이 사실이라고 명확하게 증명되지 않는 한 확신할 수도 없다. 뇌에서 일어나는 화학 과정의 특징을 전혀 모르고 있으므로, 활동하고 있는 동안 뇌가 점점 더 차가워질 수도 있는 것이다.

　오늘날까지 생각을 만들어내기 위해 뇌의 어떤 부분들이 소모되는지 아무도 모르고 있다. 혈액의 분자들이 어떻게 대뇌의 세포들로 침투하여 의식의 일부가 되는지 아무도 모른다. 또한 단일한 세포들의 연합된 생명으로부터 의식과 감성을 나타내는 어떤 것이 어떻게 발생하게 되는지 역시 모른다.

　여기에서 학설들은 아무런 쓸모가 없다. 우리의 정신이 최종적인 물질의 부분, 심리적 과정의 최종적인 국부에 도착했을 때, 자신이 유물론자인지 유심론자인지를 밝히는 것은 무익한 일이라고 생각한다.

　모든 학파들이 무지의 쓸모없음에 혼란스러워하고 있다. 물질의 본질은 영혼의 본질만큼이나 이해할 수 없다. 영혼의 구체성을 증명하기 위해 30가지의 증거들을 제시했던 루크레티우스(Lucretius

BC 96~55: 로마의 시인, 철학자)로부터 현대의 유물론자들까지, 생각의 본질에 대한 발견을 향해 단 한 발자국도 더 나아가지 못했다. 당연하게도 많은 유물론자들은 한 가지 도그마를 내버리고 그 잔해로부터 또 다른 도그마를 짜맞춘다.

만약 우리가 유심론자의 가설을 거부한다면, 그와 똑같은 엄격함으로 유물론적 신조에 의해 생각을 일으키는 기계장치를 설명하려는 사람들을 실험 과학의 경계로부터 내쫓아야만 한다. 신체 구조와 대뇌의 기능에 대한 지식이라 할 해부학과 생리학은 이제 겨우 첫걸음을 내딛었으며, 신경에 작용하는 과정의 본질과 의식이 왕좌를 차지하고 있는 곳에 감춰진 부분들을 활동시키는 물리적이며 화학적인 운동에는 짙은 어둠이 깔려 있다.

자, 영혼이나 물질이라는 말은 하지 않기로 하자. 그저 솔직하게 우리들이 무식하다는 것을 인정하기로 하자. 우리는 과학의 미래를 신뢰하면서 진실만을 추구하도록 하자.

Chapter 5

창백함과 홍조

1

　인간의 몸에는 평균 4Kg의 혈액이 관(管)의 체계를 따라 끊임없이 흐르며 그 중심에 심장이 있다. 심장에서 외부로 혈액을 옮기는 동맥은 많은 지류들로 나누어져 신체의 모든 곳에 영양을 공급한다. 동맥의 지류들이 너무 작아져 더 이상 눈으로는 볼 수 없게 되었을 때, 예를 들어 입술과 손가락 끝, 뺨, 귀 또는 피부의 여러 부분들에서 그것들은 모세관이라는 명칭을 얻게 된다. 이러한 작은 동맥들이 머리카락만큼이나 미세하다는 것을 나타내는 것이지만 실제로는 그보다 더 미세하다.

　이렇게 마지막으로 긴밀하게 연결된 모세관의 망이 피부에 아름다운 장밋빛을 만들어낸다. 하지만 분리되고 무한히 세분되어 제아무리 작아져도 그것들은 여전히 폐쇄된 운하의 체계를 형성하고 있다.

혈액이 이러한 작은 혈관들을 통해 빠져나오려면 상처가 나거나 베이거나 타박상을 입어야만 한다. 모세혈관을 벗어난 혈액은 정맥이라 부르는 조금 더 큰 운하 속으로 들어간다. 제각각 흐르던 몇 개의 정맥들은 더 커다란 정맥을 형성한다. 즉, 샘물에 의해 시내가 형성되고, 제각각 흐르던 시내가 개울이 되고, 개울이 강이 되는 것과 동일한 방식이다. 그렇게 해서 정맥들은 서서히 보다 더 큰 흐름의 혈액을 받아들이다가 마침내 그 혈액을 심장으로 향하는 커다란 대동맥으로 이동시켜 다시 정맥으로 몰고 간다.

혈액이 순환하고 있는 작은 운하들에는 근육섬유가 준비되어 있다. 근육섬유가 이완하면서 혈관의 직경이 늘어나고, 수축하면서 줄어든다. 두려움의 특징인 창백함은 혈관의 수축에서 발생한다. 심리적인 모든 표현들 중에서 가장 우아한 수줍음을 드러내는 아름다운 홍조는 혈관의 확장일 뿐이다.

이런 두 가지 상반되는 현상은 심장에 의존하지 않는다. 심장은 놀랐을 때만큼이나 수줍음을 느끼고 있을 때도 강력하고 급격하게 뛰기 때문이다. 신경중추에서 혈관의 모든 지류로 수없이 많은 필라멘트들이 뻗어나간다. 이것들이 이른바 혈관운동신경으로 우리가 인식하지 못하는 상태에서 작은 동맥과 정맥의 근육섬유들에 작용하여, 혈액이 흐르는 작은 운하들의 직경을 늘리거나 줄이게 된다.

격정의 효과는 붉어졌다가 갑자기 창백해지는 얼굴 표정에서 훨씬 더 명확하게 나타난다. 얼굴에 있는 혈관처럼 민감한 혈관은 신체의 다른 어떤 곳에도 없기 때문이다. 여기에는 두 가지 이유가 있다.

첫째, 신경중추는 얼굴의 혈관에 더 강력하게 작용한다. 둘째, 얼굴의 혈관은 매우 민감해서 빠르게 피곤해지며 조금이라도 영양 공급에 문제가 생기면 약해진다. 실제로 녹말의 아질산염과 같은 물질의 기체를 흡입하면 혈관은 마비되며, 얼굴은 즉시 선명한 붉은빛으로 변해 금세 활활 타오르게 된다. 이것이 바로 부끄러움의 외부적인 현상들을 인공적으로 만들어내는 가장 단순한 방법이다.

다양한 연령과 다양한 사람들의 눈에 띄는 차이점은 얼마나 쉽게 얼굴을 붉히거나 창백해지는가에서 뚜렷하게 나타난다. 나는 손의 혈관에 마비가 일어나는 온도를 확인하기 위해 오랫동안 실험을 했다. 손을 뜨거운 물에 담갔을 때, 얼음물이나 눈 속에 넣었을 때, 어느 온도에서 어느 정도의 시간이 경과한 후에 손이 붉어지기 시작하는지를 확인했으며, 그렇게 발견한 차이점들은 상당히 컸다.

나이든 여성은 소녀시절에 마음속의 감정에 따라 무심코 드러내곤 하던 얼굴의 홍조가 나타나지 않는다. 나이가 들어 어린 시절의 수줍음을 극복했거나 인생의 우여곡절을 겪으며 감수성이 무디어졌기 때문이 아니라, 얼굴의 혈관들이 세월에 따라 영향을 적게 받게 되었기 때문이다. 강한 햇볕 아래에서 오랫동안 걸으면 언제나 아기들의 얼굴이 어린이들의 얼굴보다 더 붉으며, 그 어린이들의 얼굴은 부모보다 더 많이 붉어진다는 것을 알 수 있다.

같은 나이일지라도 혈관을 팽창시키거나 수축시키는 내외부적인 자극에 똑같이 반응하지는 않는다. 모든 소녀들이 자신을 향한 짓궂은 말에 똑같이 얼굴을 붉히지 않는 것과 같다.

그 차이가 단지 수줍음이나 겸손함에서 비롯된 것이 아니라, 모든 사람들의 혈관이 다양한 방식으로 반응하기 때문이다. 따뜻한 실내에 있는 어린 소녀들의 뺨이 모두 똑같이 붉어지지는 않는다. 몇 시간 동안 같은 공간에 머물었던 사람들과 헤어질 때, 악수를 나누며 유심히 살펴보면 손의 온도에 커다란 차이가 있다는 것을 쉽게 알아차릴 수 있다. 그런 상황에서 손이 따뜻하거나 차가운 것은 단지 혈관이 확장되었거나 수축되었다는 것을 의미할 뿐이다.

온기나 냉기의 국부적인 작용 외에도 창백함이나 홍조를 만들어내는 훨씬 더 중요한 중심적인 작용이 있다. 즉, 우리 모두가 피부색의 지속적인 변화로부터 알고 있는 것처럼, 신경중추는 혈관운동신경에 의해 신체의 다양한 부분에서 혈액순환을 크게 변화시킬 수 있다는 것이다.

동물들에 대한 연구는 언급할 필요가 없을 것이다. 인간에 대한 관찰로 이러한 신경구조가 어떻게 작동하는지 충분히 보여줄 수 있다. 오른쪽과 왼쪽 혈관의 민감도가 서로 달라 감정의 효과를 몸의 한쪽 면에서 더 강하게 느끼는 사람들이 있다.

무도회나 산악여행 그리고 산책을 할 때, 주의 깊은 관찰자라면 얼굴 양쪽의 색깔에 커다란 차이가 있다는 것을 알아차릴 수 있다. 종종 이마의 한쪽이 다른 쪽에 비해 땀이 더 많이 흐른다는 것을 알게 된다.

예를 들어, 나의 누이는 춤을 출 때 한쪽 뺨이 다른 쪽에 비해 더 많이 붉어진다. 그녀의 경우 오른쪽의 혈관이 더 민감해서 힘든 작업이나 감정에 보다 쉽게 피로해진다. 그로 인해 얼굴의 반쪽이 더 붉어지며 더 많은 혈액을 받아들이게 된다.

며칠 전에 누이와 함께 산속을 거닐었다. 우리는 산등성이에 서서 계곡에서 진행되고 있던 어떤 아이의 장례식을 내려다보았다. 한 소녀가 꽃으로 장식된 작은 시신을 머리에 이고 옮기고 있었다. 마을의 종은 '글로리아'를 울리고, 신부님을 앞세운 장례행렬이 푸른 나무들 사이로 언뜻언뜻 보였다. 어린이들이 촛불을 들고 꽃잎을 뿌리며 뒤따르고 있었다. 아주 청명한 가을 저녁이었다.

우리는 불과 며칠 전에 그 자그마한 금발의 아이를 본 적이 있었다. 건강하고 예쁜 그 아이는 즐겁게 뛰놀고 있었는데 이제는 교회 묘지의 삼나무 아래 영원히 잠들게 되었다. 그 아이를 머리에 이고 옮기던 사람은 우리 집의 가정부였다. 그녀는 '저 아이의 대모이기 때문에 운구를 하게 되었어요.'라고 했다.

그 광경을 지켜보던 나의 누이는 오싹한 느낌 때문에 머리부터 발끝까지 몸의 오른쪽 면에 온통 소름이 돋았다고 했다.

일반적으로 혈관신경계의 흥분성은 신체의 양쪽이 동일하며, 우리는 모두 격한 감정을 느끼게 되면 혈관이 수축하여 마치 몸을 둘러싼 차가운 홑이불이 심장을 짓누르는 것처럼 온몸으로 퍼지는 냉기를 느끼게 된다. 이런 느낌은 어둠과 차가움 그리고 둔하고 은밀한 소음이 그렇듯이 명확하지 않은 다양한 영향들이 혼합된 느낌을 준다.

일반적으로 그런 영향은 머리와 등에서 뚜렷하게 감지할 수 있으며, 다리에서는 드물게 나타난다. 때로는 이러한 혈관 수축이 원인을 모르는 채 발생하기도 한다.

죽음이 근처에서 어슬렁거린다는 널리 알려진 미신이 있다. 이것은 우리가 종종 잠에 빠져들기 전에 갑작스럽게 놀라는 것처럼 무의식적으로 자연스럽게 일어나는 수축들 중의 한 가지이다.

2

최근까지도 손과 발의 혈액순환을 연구하겠다는 사람은 아무도 없었다. 경험이 많다 해도 피부색에 나타나는 미세한 변화를 명확하게 구별할 수 없기 때문이다. 그리고 신체 표면에 적용된 체온계가 정확하게 측정할 수 없기 때문이기도 하다.

나는 손의 부피를 측정하는 것으로 쉽게 알아낼 수 있을 것이라고 생각했다. 길고 좁은 병의 밑바닥을 잘라내고, 그 속으로 손과 팔뚝을 밀어 넣을 수 있도록 하고 접합제로 밀봉을 했다. 병목에는 마개를 고정하고 그것을 통해 길고 가느다란 유리관을 통과시킨 다음 병과 유리관을 미지근한 물로 채웠다.

많은 양의 혈액이 손으로 흘러들어간다면, 늘어난 혈액에 상응하는 양의 물이 병 밖으로 밀려날 것이며, 그와는 반대로 혈관이 수축하여 손이 작아진다면 마개를 통과한 그 가느다란 관에 담겨 있는 물이 병 속으로 흘러들어갈 것이라고 생각했다.

내 동생과 함께 했던 첫 번째 실험에서 올바른 방법을 찾았다는 것을 즉시 확신할 수 있었다. 당시에는 그 단순한 기구가 과학적 측정법이라는 명성을 얻고 생리학 논문의 일부분이 될 것이라고는 전혀 생각하지 못했다.

이 기구를 완벽하게 만든 과정을 자세히 설명할 필요는 없을 것이다. 나는 이 기구에 체적변동기록기 또는 체적변화계량기라는 이름을 붙였다.

한 달 후에 나는 유명한 생리학자인 루드비히(Ludwig)를 만나기 위해 라이프치히로 돌아왔다. 그에게 인간의 혈액순환에서 일어나는 흥미로운 상황을 파악할 수 있는 아주 간단한 도구를 고안했다는 것을 알리기 위해서였다. 그를 납득시키기 위해 떨리는 손으로 그려준 밑그림을 살펴보던 그의 만족스러운 표정을 나는 언제나 깊은 감동으로 기억하게 될 것이다. 그는 진심으로 기뻐하며 나의

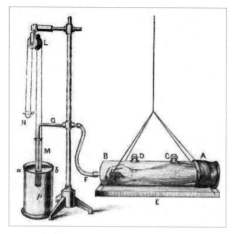

안젤로 모소의 연구를 기초로 만
들어진 체적변동기록기

연구를 그의 실험실에서 완성시키도록 격려해주었다.

나는 즉시 작업에 돌입했다. 신체의 두 곳에서 동시에 혈액순환
을 연구하기 위해 각각의 팔에 착용할 두 개의 기구를 만들었다.
첫 실험에서 가장 놀랐던 현상은 손의 혈관에 심한 불안정성이 나
타난다는 것이었다. 그로 인해 실험대상이 깨어 있거나 잠들어 있
거나 상관없이 아주 작은 감정의 변화에도 부피가 변했다. 며칠 후
나는 직접 기구를 착용하고 실험실에서 루이기 파글리아니(Luigi
Pagliani) 교수의 열성적인 도움을 받으며 실험을 하고 있었다.

우리들의 첫 번째 목표는 심호흡과 양손에 나타나는 부피의 변
화 간의 관계를 확증하는 것이었다. 파글리아니 교수가 물이 채워
진 유리 원통 속에 두 팔을 집어넣고 기록장치 앞에 서 있을 때, 루
드비히 교수님이 실험실로 들어왔다. 그러자 두 팔의 부피를 가리

키는 두 개의 펜이 마치 수직선을 그리는 것처럼 10cm 아래로 하강했다.

사소한 흥분에 의해 손과 팔뚝의 부피가 그처럼 눈에 띄게 줄어드는 것은 그때 처음 보았다. 루드비히 교수님도 대단히 놀라면서 펜을 들어 자신의 등장으로 혈액순환에 일어난 동요가 기록된 그곳에 '사자가 들어왔다'라고 썼다.

3

몸의 양쪽에 번갈아가며 축적되면서 혈액이 나타내는 끊임없는 위치의 변화를 명확하게 밝히기 위해 성인남성이 누울 수 있는 저울을 만들었다(그림 2).

침상의 가장자리를 따라 이동하는(지레의 받침점 위에서 움직이는 E) 체중에 의해, 신체의 중심이 저울의 중앙 부근에 있을 때 평형상태로 유지하는 것은 쉬웠다. 저울이 작은 진동에 이리저리 흔들리지 않도록 나사의 위아래(G H)로 움직일 수 있는 무거운 금속 평형추(I)를 부착했다. 두꺼운 판자의 중앙에(D C) 수직으로 고정하고, 측면의 막대들(M L)로 단단하게 고정했다.

저울의 무게중심을 낮게 하여 진동에 흔들리지 않도록 하고, 저울의 기울기와 반대로 움직이는 평형추는 그 무게로 판자를 끌어당겨 다시 수평의 위치에 돌아오도록 했다. 그리고 호흡의 리듬에 따라 흔들리도록 저울을 매우 민감하게 만들었다.

저울 위에서 평형상태로 차분하게 누워 있는 동안 누군가 말을 건네면 저울은 즉시 머리 쪽을 향해 기울어진다. 두 다리는 점점 더 가벼워지고 머리는 더 무거워진다. 환자가 움직이지 않으려 애쓰거나, 호흡을 변화시키지 않으려 하거나, 일시적으로 멈추거나 말하지 않으려 하면서 많은 혈액이 흐르지 않도록 노력한다 해도 이런 현상은 변치 않는다.

연구실을 찾아온 동료들이 그 저울 위에서 잠들어 있는 것을 보면 언제나 흐뭇했다. 오후가 되면 그들 중의 한 명쯤은 졸음을 참지 못하고 이 과학적 요람의 한결같은 진동에 몸을 맡기고 낮잠을

그림 2 • 혈액 순환의 연구를 위한 저울

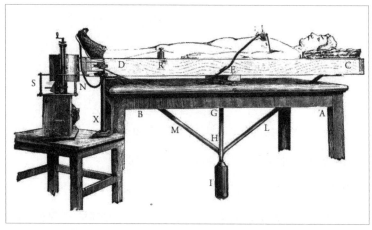

자러 오곤 했다. 누군가 실험실로 들어오려고 손잡이를 잡으면 그 즉시 저울은 머리 쪽으로 기울어졌다. 잠 속에서 발생한 불안에 따라 그 자세로 5~6분 심지어는 10분 동안 움직이지 않은 채 누워 있기도 했다.

깨어난 후에 더 이상 동일한 방식으로 혈액이 퍼지지 않는 경우가 많았다. 무게인 R은 다리 쪽으로 움직였고, 뇌 속에서 보다 활발하게 순환하기 위해 많은 혈액이 빠져나갔다. 그렇게 되면 환자는 다시 졸음에 빠져들고 저울은 다리 쪽으로 기울어 혈액은 발의 정맥에 모여들었다.

무게인 R은 이제 깊은 잠에 빠져들어 혈액의 분배가 일어날 때까지 반대 방향으로 이동한다. 그러는 동안 호흡으로 인한 진동은 지속된다. 그후 사방이 조용할 때 누군가가 일부러 작은 소음을 만들어내면 저울은 그 즉시 머리 쪽으로 다시 기울게 되며, 환자가 알아차리거나 깨는 법 없이 4~5분 동안 움직이지 않고 유지된다.

또한 사방이 고요한 밤이나 오후의 수면시간 동안 아무런 외부적인 원인이 없어도 종종 진동이 일어난다는 것을 알아차리게 된다. 자발적인 혈액의 위치변화로서, 혈관운동신경에 영향을 주는 꿈이나 심리적인 조건에 의해 혈액순환을 변화시키는 것이다.

4

이 기구를 통해 최소한의 흥분에도 혈액이 머리로 몰려간다는 것이 증명되었다. 하지만 이것으로 만족할 수는 없었다. 이 현상을 더 정밀하게 분석하고 싶었다. 특별한 모든 경우를 연구하여 손과 발 그리고 팔에서 뇌로 흘러가는 혈액을 추적하기 위해 새로운 기구들을 만들고 싶었다. 나는 몇 시간 동안 맥박도 함께 측정했다. 한 부분만이 아니라 신체의 여러 부분을 동시에 측정했다. 깨어 있거나 잠들어 있는 동안 생각의 활동, 외부적인 영향, 소음 또는 꿈이 혈관에 일으키는 최소한의 변화들을 주목하면서 뇌와 손과 발의 맥박을 측정했다.

음식과 술의 영향으로 심장 박동이 증가한다는 것은 이미 알려져 있었지만 기구를 사용해 맥박의 형식에 일어나는 변화들을 관찰한 사람은 없었다. 이제 나는 손이나 발이 그리는 각각의 맥박 곡선을 지켜보기만 하면 음식을 먹었는지 혹은 굶고 있는지를 알 수 있게 되었다.

다시 말해, 주어진 두 가지 박동을 보면 생각하고 있는 사람과 넋을 놓고 있는 사람, 잠들어 있는 사람과 깨어 있는 사람, 몸이 따뜻한 사람과 차가운 사람, 피곤한 사람과 휴식을 취한 사람, 두려워하고 있는 사람과 평온한 사람을 구별할 수 있게 된 것이다.

어느 날 문학가인 친구가 실험실로 찾아왔다. 이러한 실험 결과들을 믿을 수 없었던 그는 직접 확인하고 싶다고 했다. 나는 그에게 이탈리아어와 그리스어 책을 읽는 동안 맥박에 어떤 변화가 일어나는지 직접 확인하자고 했다. 처음에는 내 생각을 비웃었지만, 즉석에서 호머의 한 구절을 번역하면서 쉬운 문장에서 조금 더 어려운 문장으로 거쳐가는 실험을 하자 그의 손목에서 맥박이 눈에 띄게 변화한다는 것을 확인했다.

매우 중요한 과정들은 보다 더 활동적이어서 혈액이 훨씬 더 빠르게 순환하지만, 혈액의 운동을 가속시키기 위해 혈관은 수축되어야만 한다. 즉, 강폭이 좁아지는 곳에서 강물이 더욱 빠르게 흐르는 것과 같은 일이 우리 몸의 순환계에서도 일어난다. 위험에 빠져 두려움을 느끼거나 흥분하게 되면, 몸은 저항력을 강화시켜야만 하므로 혈관의 수축은 자연스럽게 일어난다. 그로 인해 혈액의 움직임은 신경중추에서 보다 더 빨라진다.

그래서 신체 표면의 혈관들이 수축하며, 우리는 놀라거나 격렬한 감정에 휩싸여 있을 때 점점 더 창백해진다. 나는 사소한 감정에 빠져 있는 동안 손과 발에서 빠져나가는 혈액의 양을 정확하게 측정하기도 했으며, 어떤 감정이 일어나는 순간과 가장 창백해지는 순간 사이의 시간도 측정해보았지만, 여기에서 통계를 다루는 것은 적절하지 않을 것이다.

어떤 신사가 깜짝 놀랐을 때 평소에는 힘들게 빼야 했던 반지가 손가락에서 빠져나간 적이 있다는 이야기를 들려주었다. 또한 격한 감정을 겪고 있을 때 손가락이 실제로 점점 줄어들어 반지를 빼기가 더 쉬웠다는 것도 알게 됐다고 했다.

'차가운 손, 뜨거운 가슴'이라는 속담은 흥분의 결과로 혈액이 팔다리에서 심장으로 물러갈 때 손이 점점 차가워지는 것을 대중적으로 표현한 것이다.

Chapter 6

심장의 박동

1

모든 시대의 사람들은 모두 심장이 열망과 감정 그리고 강인함의 중심이라고 생각했다. 'courage(용기)'라는 영어 단어는 심장을 뜻하는 'coeur'에서 비롯된 것이다. 거의 2000년 전에 생리학자들은 심장이 감각의 중심이 아니라는 것을 증명했지만, 시인들과 대중은 줄곧 심장이 인체에서 가장 예민한 부분이라고 말해왔다.

1879년 8월 비피(Biffi)는 롬바르도 학회에 검시 도중 심장의 왼쪽 벽에 바늘이 꽂혀 있던 어떤 청년의 심장을 전시했다. 훌륭한 집안 출신의 그 청년은 정신착란 상태에서 아버지를 살해한 후 자살을 시도했으며 마침내는 광기로 인해 병원에서 사망했다. 사망하기 2년 전쯤 가족과 함께 생활하고 있을 때, 그는 생을 마감하기 위해 가슴 속으로 바늘을 찔러 넣었다고 했지만 아무도 그 말을 믿지는 않았다.

　병원에 있는 동안 그의 심장과 맥박은 정상이었으며 호흡도 아무런 문제가 없었고 잠도 잘 자곤 했다. 그는 모든 자세로 누울 수 있었으며 심장 부근에 압박이 있다고 불평한 적도 전혀 없었다. 그가 사망했을 때 발견된 바늘은 바늘귀가 녹슨 채로 살 속에 묻혀 그 주변에서 자란 표피로 뒤덮여 있었다. 날카롭게 연마된 바늘 끝은 심장강(腔) 속으로 파고 들어가 있었다. 심장이 지속적으로 스치는 곳에는 바늘이 부단히 찌르면서 일어나는 자극으로 군살이 생성됐다.

　이런 예는 심장이 얼마나 둔감한지를 보여주지만 시인들의 언어와 일반 대중의 상상 속에서 심장은 언제나 열정과 감성의 중심으로 남아 있다. 두려움을 느끼거나 인생의 결정적인 순간에 심장이 가슴 벽을 두드리는 것을 느끼게 되고, 수축하는 힘이 우렁찬 소리를 내며 귀와 머릿속에서 울려 퍼지기 때문이다.

　심장은 혈관들의 중심부에 위치해 있는 압상(押上, 왕복) 펌프일 뿐이어서, 그곳에 있는 밸브의 작용과 근육의 수축에 의해 혈액순환을 지속시켜 혈액이 신체의 모든 부분으로 움직이도록 한다. 이러한 조절 없이는 생명 유지는 불가능하게 된다.

2

어떤 기계를 연구한다면 무엇보다 없을 경우에 움직이거나 작동하지 못하게 되는 가장 중요한 부품을 제일 먼저 알아야 한다. 우리 신체의 구조에서 가장 먼저 발달되어 움직이면서, 마지막까지 지속되는 부분은 심장이다.

심장의 발달은 알을 품는 두 번째 날부터 관찰이 가능한 달걀에서 보다 더 잘 확인할 수 있다. 처음 나타났을 때, 심장은 =S=의 모양을 지닌 멋지고 둥근 관이다. 품은 지 2~3일이 된 달걀을 가져와 깬다면 가장 기초적인 심장이 이미 뛰고 있는 것을 보게 된다. 수태 후 4주가 지나갈 무렵이면 인간의 심장은 이미 평생 유지하게 될 형태를 거의 갖추게 된다.

심장이 처음 나타나면서 생명을 위협하는 모든 원인들에 맞서 싸우는 저항력은 놀랍다.

불완전하게 발달된 동물에게는 심장의 리듬을 변경시킬 수 있는 감정이 없다. 발육 초기인 며칠 동안 암탉의 알을 이용한 일련의 실험에서 나는 손에 닿았을 때 참을 수 없을 정도의 강한 유도전류도 아무런 효과가 없다는 것을 발견했다. 보이지도 않을 정도로 작은 심장의 놀라운 끈기와 의외의 저항력 그리고 말이나 소의 심장을 즉시 멈추게 할 정도의 전류에도 평온하게 박동하는 것은 꽤나 기묘한 광경이었다.

이것은 그 기관들이 스스로의 기능에 얼마나 잘 적응되어 있는가를 보여준다. 닭의 심장은 신체를 구성하는 작은 입자들이 순환하도록 맹목적으로 끊임없이 작업하는 임무를 갖고 있다. 수정을 통해 생명을 부여받은 이후로 이런 목적을 위해 축적된 물질들을 활용한다. 태아는 외부세계의 영향을 받을 필요가 없으며, 이런 목적을 수행할 기관들도 여전히 부족하며, 아직 신경들이 생기지 않았으므로 심장은 신체가 구성되는 과정에서 물질의 카오스의 한가운데에서도 자유롭다.

3

완전히 발달한 심장은 다른 근육들보다 훨씬 더 복잡한 신경분포를 이루고 있다. 몸에서 떨어져 나간 팔과 다리는 그 즉시 움직임을 멈추지만 심장은 오랫동안 박동을 지속한다. 해부학 강의실을 자주 드나드는 사람들은 시신의 나머지 부분은 모두 차갑게 식어 전혀 움직이지 않지만 심장만은 조금씩 움직이는 것을 보고 놀라곤 한다.

심장이 이처럼 끈질긴 생명력을 갖게 된 것은 얇은 벽의 구조와 혈액 속에 담겨 있다는 것 때문이며, 무엇보다 이곳의 살 속에 신경절이라 불리는 작은 신경중추가 있기 때문이다. 하지만 이 때문에 박동의 리듬과 힘을 변형시킬 수 있는 뇌와 척수로부터 전혀 자유롭지 않다. 우리의 몸은 각 기관의 자유와 기능이 언제나 다른 모든 기관의 이익과 편의에 종속되며, 생명 유지와 전체의 복지라는 목적으로 공동으로 관리되는 행복한 자치단체의 가장 놀라운 실례라 할 수 있다.

심장 신경의 중심은 신경계의 가장 중요한 부분으로 아주 작은 바늘로 상처를 입는다 해도 즉시 죽게 되는 숨골에 있다. 그곳에 신경계의 모든 통로들이 모이기 때문이다.

심장으로 명령을 전달하는 두 개의 신경들 중 한 가지는 주로 박동을 느슨하게 만들면서 마치 브레이크처럼 작용하기 때문에 억제신경이라 한다. 다른 한 가지는 박차를 가하기 위해 박동의 횟수를 증가시키므로 촉진신경이라 부른다.

심장 신경의 기능은 매우 단순하게 보일 수도 있지만 실제로는 대단히 복잡하다. 갈바니(Galvani 1737~1798: 이탈리아의 해부학자)는 척수의 염증이 심장의 정지 또는 그의 표현에 따르면 '마법'을 일으킨다는 것을 최초로 밝혀냈다.

4

보카치오(Boccaccio: 14세기 이탈리아의 작가. 대표작 《데카메론》)는 사랑이 맥박에 일으키는 효과와 변화를 거장다운 솜씨로 묘사했다.

"그래서 그는 지나친 열정으로 대단히 심각한 병에 걸리게 되었다. 그를 회복시키기 위해 의사들을 불러 세심하게 살펴보도록 했지만 그들은 그의 병을 짐작조차 하지 못하고 치료를 포기했다. 그렇게 시간이 흐르던 어느 날, 아주 젊지만 의술이 뛰어난 의사가 그 청년의 곁에 앉아 맥박이 뛰고 있는 팔을 잡고 있을 때, 지아네타가 잠시 일을 보기 위해 청년이 누워 있는 방으로 들어왔다. 그 처녀를 본 청년은 말이나 몸짓으로 자신의 감정을 드러내지는 않았지만, 가슴 속에서 격한 열정이 끓어오르는 것을 느꼈으며, 그로 인해 청년의 맥박은 전보다 훨씬 더 격렬하게 뛰기 시작했다.

그것을 즉시 알아차린 의사는 의아해 했지만, 그 박동이 얼마나 오래 지속되는지 확인하기 위해 가만히 있었다. 지아네타가 방을 나가자 맥박은 점점 잦아들었다. 이제야 그 질병의 원인을 발견했다고 생각한 의사는 물어볼 것이 있다는 구실로 그 처녀를 방으로 불러달라고 했다. 그는 여전히 청년의 손목을 잡고 있었다. 그녀가 방으로 들어오자마자 청년의 맥박은 더 빠르게 뛰었으며, 그녀가 떠나자 다시 약해졌다. 그제서야 병의 원인을 알게 됐다고 확신하게 된 의사는 자리에서 일어나 청년의 부모를 가까이 불러 '아드님의 건강에는 의사의 의술이 필요하지 않습니다. 지아네타의 손에 달려 있습니다.'라고 말했다."

그렇게 보카치오는 앤트워프 백작이 앓고 있던 병의 원인을 설명했다. 보카치오보다 훨씬 오래 전에, 플루타르크도 의사인 에라

시스트라투스가 불규칙하고 격렬하게 뛰는 맥박을 통해 스트라토니체를 향한 안티오쿠스의 사랑을 발견했노라고 설명했다.

여기에서 범죄학이 미래에 제기하게 될 가장 까다로운 난제들 중의 한 가지를 짚고 넘어가야겠다. 앞으로 생리학자는 이런 질문을 받게 될 것이다.

"범죄의 증거들 앞에서도 태연한 이 사내가 어떤 생각을 하고 있는지 말해주실 수 있겠소? 이 자의 내면을 드러내는 박동이 전혀 없는지 말해주실 수 있겠소?"

나의 실험실에는 피로에 대해 연구하는데 도움이 되었던 개 한 마리가 있었다. 오랜 친구처럼 2년 동안 언제나 나와 함께 있었다.

온순한 그 개에게 아주 심한 소음을 들려줘 그 결과를 알아보기로 했다. 나는 '심전계'라는 작은 기구를 활용했다. 심전계는 레버로 전달된 심장의 박동을 먹지로 싸놓은 실린더 위에 그리도록 고안된 것이었다. 동전만한 이 기구를 갈비뼈 사이의 심장이 뛰는 곳에 고무밴드를 이용해 고정시켰다.

우선 (그림 3)에서 제시된 심장의 박동을 나타내는 곡선을 기록했다. 독자들에게 더 많은 곡선을 제공하고 싶었지만 심장 자체가 기록한 것을 확인할 수 있다면 그 특유의 언어를 인간의 언어로 번역하려 시도하는 것은 무익한 일일 것이다. 게다가 이 곡선들을 이해하는 것은 어렵지 않다.

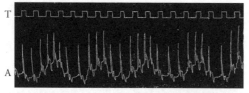

그림 3 · 평온한 개의 심장박동

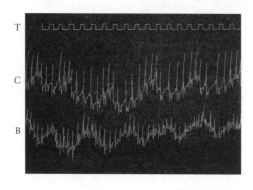

그림 4 · 흥분시 심장박동

　선 T는 시간을 나타낸다. 이것은 매초마다 펜을 들어올려 '톱니 (tooth)'를 기록하는 전기시계로 작성된 것이다. 이것은 이른바 조종선으로 맥박의 빈도에서 일어나는 변화를 최대한 정확하게 알기 위한 도표 연구에서는 반드시 있어야 하는 것이다. 선 'T'에 18초가 기록되어 있으며, 동일한 시간에 선 'A'에는 총 29번에 이르는 심장 박동이 기록되었다.

　만약 심전계를 인간의 가슴에 착용했다면 박동수가 적은 비슷한 곡선을 얻었을 것이다. 심장이 뛸 때마다 펜은 급히 오르내리게 되고 심장이 뛰지 않는 동안에는 아래쪽에 떨리는 선을 기록하게 된다. 숨을 들이쉬는 동안 가슴이 올라오고 확장되면서 늑골에 있는 펜도 위로 오르면서 가슴이 확장되는 동안 일어나는 3~4번의 박동이 연속적으로 더 높은 곳에 기록되고, 날숨이 시작되면서 가라앉게 되므로 파동을 형성하게 된다.

동물이 평온하게 있는 동안 이 곡선으로 추적해보면 우리는 심장이 사람의 경우와 마찬가지로 날숨일 때보다 들숨일 때 더욱 빈번히 뛴다는 것을 알게 된다. 심장박동은 곡선의 상승 부분에서 서로 가까워지며, 각각의 날숨의 끝과 일치하는 아래쪽의 부분에서 더욱 멀리 떨어진다.

개가 완전한 평온 상태에 있는 동안 조수에게 총을 쏘라고 신호를 보냈지만 실패하고 말았다. 오래된 사냥총이었는데 장전이 잘못되어 있었는지 탄약통에만 불이 붙었다. 하지만 개는 즉시 일어서려 하면서 이상할 정도로 흥분하기 시작해 깜짝 놀랐다. 심장이 뛰고 있는 갈빗대에 붙여둔 기구에 손을 갖다 대자 심장 박동이 점점 더 강해지고 빨라졌다는 것을 알 수 있었다.

약 1분 후에 작성된 (그림 4)의 곡선 B를 통해 박동이 얼마나 더 빈번해졌는지를 확인할 수 있었다. 개는 점점 더 안절부절 못하는 상태가 되어 실험을 중단했다. 땅 위에 내려선 개는 실험실 구석구석을 돌아다니며 코를 킁킁거렸다. 곧 이어 작성된 (그림 4)의 곡선 C에서 우리는 흥분이 아직 가라앉지 않았다는 것을 알 수 있었다. (그림 3)에 기록된 평상시의 곡선에서 나타나는 것보다 심장의 박동이 여전히 더욱 빠르게 뛰고 있기 때문이었다.

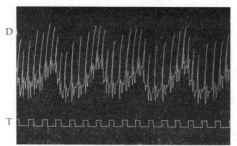
그림 5 • 정상적인 심장 박동

실험실에는 학생들과 나의 조수 그리고 코로나(Corona) 교수가 함께 있었는데, 모두 다 눈앞에서 벌어지는 일에 깜짝 놀라고 말았다. 참관자들은 그 개가 사냥개인 것이 틀림없다고 했다. 우리는 줄곧 그 개가 집지키는 개라고 생각했으며, 사냥개일 것이라고는 전혀 생각하지 않았다. 그 다음날 결정적인 실험을 시도해보기로 했다.

개가 완전히 차분해질 때까지 기다렸다가, 어떤 식으로든 위협적이지 않도록 하면서 총을 들어 몇 발자국 떨어진 거리에서 볼 수 있도록 했다. 개는 즉시 그 무기를 알아차리며 다시 흥분하기 시작했고 심장 곡선에 눈에 띄는 변화가 나타났다.

하지만 그 개가 사냥개라는 가장 명확한 증거는 총에 장전하는 소리와 방아쇠 당기는 소리를 듣자마자 매우 격렬하고 갑작스럽게 흥분한다는 것이었다. 아무것도 보지 못한 상태에서 약간 떨어져 있던 개는 그 소리를 듣자 (다음의 곡선에서 확인할 수 있듯이) 즉

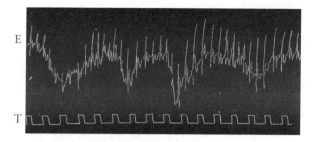

그림 6 · 흥분시 심장 박동의 변화

시 심장 박동이 변하면서 자리에서 일어나 사방으로 코를 킁킁거렸다.

(그림 5)의 곡선 D는 차분히 있을 때 그 동물의 가슴에 부착된 심전계에 기록된 박동을 보여준다.

이번에는 개가 볼 수 없는 곳에 있는 사람에게 신호를 보내 장전하도록 했다. 딸깍 하는 소리를 듣자마자 개는 움직였다. 곡선을 얻어낼 수 없을 정도로 짧은 시간 내에 개는 엄청나게 흥분했다. 약 1분 후에 작성된 (그림 6)의 곡선 E에서 심장 박동의 빈도는 물론 호흡의 형태도 변했다는 것을 확인할 수 있었다.

이러한 변화가 장전하는 소리와 전혀 다른 소음에는 훨씬 적게 기록된다는 것을 확인한 후 우리는 무기에 대한 두려움 때문에 흥분하는 것인지를 확인하고 싶었다. 다음날 개를 다시 실험실의 탁자 위에 눕혀놓고 한 사람에게 어깨에 총을 걸치고 그 곁을 지나가도록 했다. 총을 알아본 개는 안절부절 못하고 자리에서 일어나려

하면서 심장이 격렬하게 뛰었다. 그리고는 꼬리를 흔들기 시작하더니 흡족한 눈길로 바라보며 그 사냥꾼의 뒤를 따라갔다.

5

두려움과 같은 강한 감정들을 다룰 때는 개가 매우 불안정해지면서 도망치려 하므로 다른 방법들을 활용해 박동을 기록해야 한다. 이 문제를 염두에 두고 신행했던 몇 가지 실험들을 소개한다.

(그림 7)은 개의 경동맥에서 일어나는 박동을 보여준다. 선 F는 개가 차분할 때이며, 박동이 약간 불규칙한 것은 생리학적 현상이다. 선 G에서는 다섯 가지의 일반적인 박동을 볼 수 있으며, 선 A는 개에게서 두 발자국 떨어진 곳에서 총을 쏘았을 때의 결과다.

첫 번째 두 가지 박동의 불규칙한 테두리에서 확인할 수 있는 것처럼, 총성은 펜이 떨리도록 하는 공기의 진동을 일으켰다. 심장에서 일어나는 두려움의 효과는 즉각적이었다. 박동의 빈도는 즉시 세 배가 더 늘어났다.

우리는 개가 다시 차분해질 때까지 기다렸다. 15분 후에 평상적인 박동선을 나타내는 곡선 H가 기록되었고, 그 후에 선 I의 여섯 번의 박동이 이어졌고, 두 번째로 총을 쏘았을 때의 B가 기록되었고 즉시 박동이 가속되었다.

하지만 두려움을 느낄 때 심장은 왜 더 빠르고 빈번하게 뛰는 것

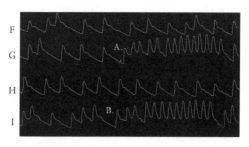

그림 7 • 두려움에 의한 심장 박동의 가속

일까? 이 현상의 원인을 설명하려면 맥박을 연구하면서 얻었던 관찰 결과와 잠들어 있는 동안 인간의 뇌에서 벌어지는 혈액순환을 다시 언급해야 한다. 잠들어 있는 사람은 아주 작은 소음이나 접촉에도 수면은 중단되지 않지만 맥박은 더 빈번해진다. 이러한 변화는 혈액순환을 더 빠르게 해서 몸을 방어하는 힘을 최대한으로 끌어올리는데 반드시 필요하다.

우리의 몸은 그렇게 만들어져 있어 의지가 개입되지 않아도 필요하다고 요구되는 것은 자동으로 변화시킨다. 두려움으로 인한 심장의 박동은 몸이 에너지를 최대한으로 끌어올리고 신경중추에서 혈액순환을 증가시킬 때마다 언제든 우리가 알아차리게 되는 사실을 과장하는 것이다. 심장은 자신을 위해서가 아니라 단지 전투, 공격, 방어 그리고 일제사격의 도구인 뇌와 근육을 위해 작동한다.

흥분했을 때 맥박의 빈도와 강도는 신경중추에서 일어나는 흥분성의 크기에 따라 좌우된다. 예민한 여성과 아이들은 이런 박동을 아주 강하게 겪는다. 여성들이 남성보다 마음이 더 다정하다는 것은 남성들의 심장이 반응하지 않는 자극에 여성들의 심장이 반응한다는 사실을 말하는 것이다.

우리가 어떤 사람에 대해 쉽게 얼굴을 붉히고 창백해지며 금세 울음이나 웃음을 터뜨린다고 하는 것은 그 사람이 훌륭한 심장과 진지한 성격을 지닌 사람이라고 말하는 것이다.

하지만 냉정하고, 회의적이며, 이기적이며, 무뚝뚝한 사람일지라도 어떤 병을 앓고 있거나 이런저런 원인으로 신경계의 흥분성이 강해지면 마음이 흔들리고 어린아이처럼 자신의 감정을 숨기지 못하게 된다.

허약함은 그 어떤 것에도 영향을 받지 않았을 때에도 심장의 박동을 빠르게 한다. 우리는 모두 평상시라면 아무런 영향도 끼치지 않을 소식들도 회복기 환자에게는 전하면 안된다는 것을 잘 알고 있다.

나의 동료가 8일 동안 후두염을 앓고 회복된 후 돌아왔을 때 서둘러 그를 만나러 갔다. 그는 창백하고 지친 표정으로 안락의자에 앉아 있었다. 몸 상태를 묻자 '아주 좋다'고 대답했지만, 사소한 문제로 조수를 꾸짖으면서 숨을 제대로 쉴 수 없을 정도가 되자 그런 상황은 피해야만 한다는 압박감에 사로잡히게 되었다. 그의 맥박을 짚어보자 100 이상이었다. 그는 웃으며 이렇게 말했다.

"나의 튼튼한 몸이 며칠 동안 평상시처럼 먹지 못했다고 고장이 날 만큼 형편없는 기계일 거라고는 꿈에도 생각하지 못했어요."

6

모든 근육들과 마찬가지로 심장에도 영양 공급이 필요하다. 사실 심장은 피곤해졌을 때도 휴식을 취할 수 없기 때문에 영양공급은 심장에 더욱 긴요하다. 심장은 지속적인 작업을 해야만 한다. 그래서 영양공급의 변화는 혈액의 성분과 양에 즉각적으로 반영되어 나타난다.

심장이 신체의 모든 부분에 영양분을 골고루 분배하는 혈액과 끊임없이 접촉한다는 사실은 심장이 우선적으로 가장 좋은 영양분을 차지할 것이라고 생각하게 된다. 적어도 다른 기관보다 더 풍부하게 차지하도록 만들어져 있을 것이라고 생각하게 된다.

하지만 실제로는 그렇지 않다. 우리가 섭취한 영양분은 우리 신체의 모든 기관에 각자의 필요에 따라 계산되어 분배된다. 어떤 부분이 평상시보다 더 많은 일을 하게 되면 늘어난 필요량은 다른 기관의 영양분을 줄여 공급되기 때문에 아주 엄격한 영양공급의 경제가 지켜지고 있는 것이다.

혈관운동 신경들은 이러한 영양분의 분배에 의해 충전된다. 다른 모든 근육들처럼 심장은 유지에 필요한 혈액을 대동맥에서 갈라져 나온 관상동맥에 의해 심장강으로부터 받는다.

또한 심장도 통제를 받으며, 만약 절대적으로 필요하다면 혈관 운동 신경들은 심장의 영양분을 감소시켜 다른 모든 부분들로 분배할 정도의 힘만을 남겨 놓을 수도 있다.

생리학자들은 지난 세기 동안 심장 근육의 영양공급에서 심장에 나타나는 다양한 가속 운동의 원인을 찾아내려 노력했지만 실패했다. 이탈리아의 가장 뛰어난 생리학자인 랜시시(Giovanni Lancisi 1654~1720)는 가장 도전적인 이론을 제시했다.

1728년에 로마 대학 출판부에서 간행한 《심장의 운동》에서 그는 흥분과 정신적 고통을 겪는 동안 변화하는 심장 박동의 원인에 대해 지극히 유물론적인 이론을 전개했다. 그로 인해 그 책은 추기경단의 허락을 얻어 교황청의 활자로 인쇄하는 것이 거의 불가능해 보였다.

그러나 로마 교황청은 이러한 연구들이 생리학을 그들의 교리에서 멀어지게 할 것이라는 사실을 예견하지 못했다.

랜시시에 의해 정신의 기능들은 신경과 신경절 그리고 심장의 관상동맥에 긴밀하게 의존하는 것으로 자리잡았다. 정신 활동에 영향을 끼치는 것은 물질적인 기관들이다. 뜨거운 열정과 몰아치는 감정들은 심장의 메커니즘에 의해 완화되거나 통제될 수 있다. 마치 정신의 특성과 기질이 신체의 물질적인 구조와 육체적인 변

형에 의존하는 것처럼, 심장의 신경과 신경절이 혈액과 더불어 다
소간의 격렬함을 뇌로 몰고 가 본능을 자극할 수 있는 것이다.

Chapter 7

호흡과 압박감

1

가슴에 가해지는 압박감에는 의지로는 억누르지 못할 정도의 압도적인 특성이 있다. 사소한 감정, 약간의 노동, 출혈 또는 열정만으로도 단숨에 숨이 가빠질 수 있다. 차분한 상태에 있을 때 우리는 호흡운동을 마음대로 조절할 수 있을 것이라고 믿는다. 하지만 일단 몸을 움직이기 시작하면 더 이상 마음대로 조절할 수 없게 된다. 몸의 기능과 관련하여 우리가 누리는 자유는 전혀 완벽하지 않다. 우리는 생명을 위협하는 것이 없는 상태에서는 뛰어놀아도 좋다고 자연이 허락해준 어린아이들과 같다.

연속적으로 호흡작용이 변화하는 의미를 이해하려면 우리의 몸이 대단히 복잡한 아궁이어서 생명의 불꽃을 유지하기 위해서는 끊임없이 무언가를 태워야 한다는 것을 기억해야 한다. 허파의 확장과 수축인 호흡운동은 우리 몸의 대장간에 불이 꺼지지 않도록 하는 지칠 줄 모르는 풀무작업을 의미한다.

우리는 늑골을 들어올려 가슴의 윗부분을 확장시키거나 횡경막을 내리눌러 아래쪽으로 확장하는 두 가지 방법으로 호흡한다. 첫 번째 동작은 감정을 드러내는 동안 가슴을 올리고 내리는 특징이 있는 여성들에게 일반적이며 두 번째 동작은 남성들에게 더 일반적이다. 특히 횡경막은 잠을 잘 때 휴식을 취하지만, 사소한 소음이나 목소리 등의 외부적인 작용은 그 기능을 다시 시작하도록 만들어 횡경막 호흡이 더욱 활발해진다. 잠에서 깨거나 의식하지 못하면서 갑작스럽게 일어나는 이런 횡경막 호흡에 대한 기억은 의식 속에 전혀 남아 있지 않게 된다.

몇 분 동안 선잠을 자게 되는 약간 불안정한 상태가 지나면 호흡은 깊은 수면의 리듬과 형식을 되찾게 된다. 의지의 개입 없이 일어나는 이러한 변화는 몸이라는 완벽한 기계가 갖추고 있는 가장 훌륭한 준비상태들 중의 한 가지다. 의식을 잃게 되었을 때, 자연은 우리의 몸을 위험한 적들의 먹잇감이 되지 않도록, 외부세계의 영향에 무방비 상태로 노출시키지 않는 것이다.

잠을 자고 있는 동안에도 중추신경의 파견대는 계속 외부세계를 감시하면서, 적시에 의식의 육체적인 조건들과 저항 태세를 준비하고 있어야 한다. 잠에서 깨어나는 과정에서 나타나는 무의식적인 현상들은 모두 뇌 속의 혈액순환을 증가시키고 신체의 기능과 에너지를 회복시키도록 준비되어 있다. 이러한 중추들은 지속적으로 감시하면서 위험이 닥쳐왔을 때 경보를 울리는 보초병들이라 할 수 있다.

인간은 하루의 노동을 마치고 난 후 잠을 자게 된다. 근육들은 풀리고 머리와 두 팔은 나른해지며 눈꺼풀이 내려오고 다리는 더 이상 꼿꼿이 서 있지 않는다. 열정적인 활동이 끝나고 나면 우리 몸의 내부에서 타오르던 불꽃은 점점 약해지고 연소 활동은 급격히 줄어든다. 차분하게 깨어 있을 때 1분마다 약 7리터의 공기를 폐로 받아들이던 호흡운동은 이제 분당 1리터를 환기시키는 정도로 줄어든다.

심장도 수축의 빈도를 줄이고 에너지와 심장수축의 정도를 감소시키며 휴식을 취한다. 혈관이 확장되고 혈압이 떨어지면서 몸은 현저하게 식어간다. 하지만 이러한 의식의 상실과 신체의 완전한 이완에도 불구하고 여전히 에너지를 유지하면서 몸을 전체적으로 감시하는 촘촘한 신경망과 신경세포 집단이 있다. 어떤 목소리 또는 멀리서 들리는 소음, 광선, 사소한 접촉 등과 같은 영향은 새롭게 풀무질을 시작하도록 깨우고, 심장 박동수를 늘리고, 피부 전체의 혈관들을 수축시켜 혈액을 생명의 중심지로 몰고 가면서 의식을 회복시킨다.

생존을 위한 경쟁에서 몸이 외부세계의 위해로부터 가장 쉽게 벗어나도록 이러한 무의식적인 경계는 대단히 완벽하게 이루어진다. 위험이 너무 가까이 닥쳐오거나 피할 수 없을 지경이 되기 전에 깊은 휴식 상태에서 가장 활동적인 상태로 넘어가는 최고의 민첩성을 보이는 것이다.

2

잠을 자거나 깨어 있을 때의 호흡에 관한 나의 연구는 흥분해 있는 동안 겪게 되는 압박감의 의미를 쉽게 이해할 수 있게 해준다. 그것은 단지 그 현상의 본질과 특성이 아닌 강도와 정도의 차이일 뿐이다. 깨어 있을 때와 잠들어 있을 때의 관계는 정신이 차분할 때와 흥분해 있을 때의 차이와 동일하다. 이것의 증거를 검토해보기로 하자.

호흡운동을 정밀하게 연구하고 싶다면, 가슴이 얼마나 확장되고 수축되는가를 관찰하는 것만으로는 충분하지 않다. 가슴의 아주 작은 움직임까지 자동으로 기록할 극히 민감한 장치를 가슴과 배에 부착해야만 한다. 호흡곡선기록기라 불리는 이 기구는 착용했을 때 아무런 불편함도 느끼지 못하도록 만들어졌다.

먼저 개에게 실시했던 몇 번의 관찰을 소개한다. 개는 아주 온순해서 호흡운동의 기록을 위해 장치를 부착하고 테이블 위에 올려놓자 몇 시간 동안 조용히 잠들어 있었다. 하지만 아주 작은 소음만으로도 호흡의 리듬에 변화가 일어났다. 이 실험은 심리상태에 대한 호흡 메커니즘의 극단적인 민감성을 보여주기 위해 동료들 앞에서 자주 반복해서 실시했다.

사방은 고요했다. 기록장치가 호흡 곡선을 작성하고 있는 동안, 내가 누군가에게 말을 걸거나, 지시를 내리거나, 기구나 테이블을 만지거나, 심지어 눈을 마주치며 상냥하게 말을 건네기만 해도 개의 호흡은 그 즉시 한층 더 빨라졌다.

미세한 자극의 경우, 그 효과는 단지 몇 초 동안만 지속되었다. 가끔씩 일단 호흡이 빨라지게 되면 대개는 그 효과가 더 길게 지속된다는 것을 알게 되었다. 만약 모르는 사람이 개 앞에 서 있게 되면, 그 이전의 호흡 리듬은 돌아오지 않았다. 내가 꾸짖으면 그 효과는 흥분이 가라앉을 때까지 몇 분 동안 지속되었다.

라이프치히의 실험실에서는 줄곧 대뇌활동이 호흡운동에 일으키는 변화에 대해 연구했다. 개인적인 차이가 매우 컸기 때문에 대단히 복잡한 문제였다. 호흡에 관한 연구에서 얻은 그래프들에서 나는 집중적인 정신작업을 하는 동안에 나타나는 차이점들이 대단히 크다는 것을 알게 되었다. 이러한 결과가 나타나는 이유는 신경중추의 변화무쌍한 흥분성 그리고 특히 흥분의 정도가 강하거나 약한 동안에는 호흡 메커니즘이 정반대의 방식으로 작용한다는 사실에서 찾아야만 한다.

예를 들어, 책을 읽거나 방심한 상태로 있을 때 내 등 뒤에서 누군가 갑작스럽게 커다란 소리를 내면 호흡이 어떻게 변화하는가를 알기 위해 직접 실험해보았다. 이 실험을 개들에게도 반복해 보았는데 언제나 더 깊은 – 종종 아주 깊은 – 들숨이 일어난 후 수초간 호흡정지가 지속되는 것처럼 보이며, 호흡활동은 그 후로 즉시 이전보다 더 빈번해진다는 것을 발견했다.

총소리가 개에게 일으키는 반응도 관찰했다. 우선, 깊은 들숨이 일어나고 그후 가슴이 많이 확장되면서 날숨과 들숨이 일어난다. 그리고 나서 첫 번째와 같은 또 한 번의 깊은 들숨이 있은 후 가슴은 폐에 축적되어 있던 공기를 비워내며 평상시보다 더 빠른 들숨과 더불어 빠른 호흡이 연속된다.

모든 현상들에 대한 그럴 듯한 이유를 단번에 찾아내기를 원하는 사람들은 어쩌면 이러한 깊은 호흡이 폐를 통해 혈액의 흐름을 산화시키고 활기를 띠게 하기 위한 것으로 이러한 방식으로 몸은 스스로가 방어할 준비를 하는 것이라고 말할 것이다.

3

이제 호흡기관의 구성과 힘을 작동시키는 방법을 알아보자. 사람의 경우 호흡기관의 다양한 부분들은 서로에게 독립적으로 작용하지 않는다. 비록 몸통에서 분리되었지만 머리는 참수를 당한 직후에만 들숨 운동을 하는 것으로 확인되었다.

아주 어린 동물의 머리를 잘라낸 후 붕대로 출혈을 막고 호흡관에 풀무를 집어넣어 인공적으로 호흡을 자극시키면 머리가 없는 그 동물은 최초의 충격으로 인한 혼란스러운 영향이 중지된 후에도 다시 숨을 쉬게 되는 것을 보게 된다. 새끼 고양이는 참수 이후에 몸통에서 호흡운동을 일으키려면 아주 적은 양(0.0005g)의 신경흥분제만으로도 가능하지만, 혈액의 산화로 더 이상 신경중추의 흥분성을 유지하지 못하므로 호흡운동은 서서히 약해진다.

이런 단순한 실험으로 호흡은 뇌와 척수에서 뻗어나온 신경들에 의해 이루어진다는 것을 알 수 있다. 여기에 우리의 자의식은 필요 없다. 머리가 잘려나간 동물일지라도 발을 꼬집거나 비틀면 호흡의 변형에 의해 반응한다. 가죽의 감각신경들이 외부세계의 영향을 척수에 전달해주기 때문이다.

커다란 목욕통에 앉아 있을 때 일어나는 숨이 막히는 듯한 깊은 들숨 역시 무의식적인 것이며, 두려움에 휩싸였을 때 깊은 들숨을 쉬는 것도 똑같은 메커니즘이다.

생리학의 모든 연구 과정에서 우리는 새로운 문제들을 발견하며, 만약 이런 표현을 써도 된다면, 우리 몸의 여러 기관들이 일으키는 작용들 내에서 또 다른 작용들을 발견하게 된다.

아주 최근까지도 뇌가 호흡중추를 통제하면서 그 운동을 가속시키거나 멈추게 한다고 생각했다. 하지만 크리스티아니(Christiani)는 뇌가 제거된 후에도 동물의 눈에 밝은 빛을 비추면 깊고 잦은 호흡이 일어난다는 것을 증명했다. 동물을 깜짝 놀라게 하는 소리도 동일한 결과를 나타내며, 평상적인 상황보다 훨씬 커다란 압박감을 일으킨다.

이 실험은 호흡의 리듬은 대뇌활동과 심리적인 작용과는 관계 없이 외부세계에서 일어나는 모든 변화에 따라 그리고 감각신경의 말초적인 모든 자극에 따라 변화한다는 것을 보여준다. 이렇게 해서 천둥소리처럼 우리가 억누를 수도 없고, 원인을 알기 전에 갑작스럽게 일어나는 소음에 의해 그리고 원인을 알고 난 후에도 사라지지 않는 가슴의 압박감과 두근거림의 원인을 알게 되었다.

또한 이러한 연구들에서 심리과정의 구체성이 분명해졌으며, 또한 가장 빠르게 일어난다고 믿고 있던 그 현상들이 사실은 느리게 작용한다는 것도 명확해졌다.

1000분의 1초 동안 지속되는 전기 스파크나 번개의 섬광이 백배는 더 오랫동안 인상을 남기는 것처럼, 빨갛게 달아오른 물건을 만졌을 때 고통을 느끼기도 전에 손을 데이는 것처럼, 길을 걷다가 멈출 틈도 없이 갑자기 나타난 장애물에 걸려 넘어지는 것처럼, 그렇게 신경중추에 도달한 인상들은 일정한 시간 동안 흥분 상태를 유지시킨다.

우리는 모두 이러한 몸의 무력감을 경험하면서 아주 사소한 정신적인 혼란도 제대로 진정시킬 수 없다는 것을 알고 있다. 차분하게 길을 걷고 있을 때, 자신이 피하려고 애쓰던 어떤 남자의 모습이 갑작스럽게 눈앞에 보였다고 가정해보자. 그 즉시 그의 피는 끓어오르기 시작한다.

하지만 곧 자신의 착각이라는 것을 알게 되면 기분은 좋아지지만 심장은 이미 격렬하게 뛰기 시작했고, 불안감과 압박감은 즉시 가라앉지 않고 일정한 시간 동안 줄곧 불쾌하게 만든다. 그것은 마치 흔들리기 시작한 추의 지속적인 진동 같은 것이며, 신경섬유에 울려퍼지다 서서히 사라지는 메아리와 같은 것이다.

4

고통의 마지막 표현 즉, 감각의 마지막 표현은 과연 무엇일까? 이것이 우리가 두려움을 나타내는 현상들의 상대적인 중요성을 알아내기 위해 탐구해야 하는 질문이다. 그리고 그 현상들 중 어떤 것이 죽음과의 투쟁에서 가장 오래 저항하는지를 알아내려는 질문이기도 하다.

수면제로 개나 토끼들이 스스로 잠에서 깨어날 수 없는 깊은 잠에 빠지도록 했다. 이보다 더 완만하고 부드럽게 죽음의 품속으로 몸이 가라앉는 것은 상상할 수 없을 것이다.

강력한 수면제를 복용시키자마자 개는 약간 흥분하면서 뒷다리가 꺾이기 시작했다. 우리가 부르면 쓰러지지 않고는 몸을 돌리지 못했다. 다시 일어나려 시도하면서 비틀거리며 몸을 돌리지만 다시 쓰러졌고, 어렵사리 일어나 결국에는 몸을 길게 늘어뜨리며 조용해졌다. 때때로 머리를 들어보려 했지만 이내 깊은 잠 속으로 빠져들었다. 호흡이 느려지면서, 체온이 점점 떨어졌고 마침내 흔들던 꼬리도 멈췄다. 눈꺼풀이 졸린 눈을 덮었고, 얼굴은 차분했으며, 귀도 움직이지 않았으며, 깨우기 위해 고통을 가해도 반응이 없었다. 죽었다고 생각해도 될 정도였다.

이런 조건 속에서도 여전히 감각이 있는지 알아내기 위해 생리학자들이 사용할 수 있는 방법은 오직 심장과 혈관이 아직도 고통스러운 자극에 반응하는지를 조사하는 것이었다.

포아(Foà) 교수는 쉬프(M. Schiff) 교수와 진행했던 실험에서 심장과 혈관이 더 이상 반응하지 않고, 혈액순환이 더 이상 변화하지 않으며, 신경중추에 동요가 있다 해도 눈에서는 여전히 감각의 마지막 흔적이 관찰되며 자극을 받을 때마다 안구가 팽창된다는 것을 밝혀냈다.

하지만 수면제를 복용한 개들의 체온은 30도까지 떨어졌으며, 호흡의 화학작용이 극단적으로 느려졌다는 것을 확인했다. 전류나 그 어떤 기계적인 작용도 발이나 얼굴에 최소한의 움직임도 일으킬 수 없었다. 맥박, 혈압, 안구 등 한마디로 모든 것이 무감각해졌으며, 심지어 절개하여 드러난 심장 신경을 전류로 자극해도 맥박에는 아무런 영향도 없었지만 개는 여전히 느낄 수는 있었다. 호흡을 꼼꼼하게 살펴보면, 다리나 신체의 다른 부분을 꼬집을 때마다 변화한다는 것을 확인했다.

그러므로 호흡의 변화는 감각과 감정이 드러나는 몸의 마지막 기능인 것이다.

5

피부의 신경은 자극을 받게 되면 더 깊고 빈번한 호흡으로 이어지며, 이러한 현상은 몸에 유익하다. 하지만 신경의 흥분이 너무 강해서 극심한 통증을 유발하거나, 공포를 느낄 때처럼 아주 생생한 인상을 받게 되면 깊게 숨을 들이쉬는 도중에 메커니즘이 짧게 멈추게 되어 몸에 해롭다.

나는 가끔 생명의 위협을 느낄 때 마치 숨이 갑자기 멈추는 것과 같은 끔찍한 압박감이 일어났던 것을 기억하고 있다. 몇 달 전 산 위에서 폭풍우에 휩싸였을 때, 번개가 내 앞의 약 50걸음 앞에 떨어지면서 호흡이 몇 초간 멈추는 것을 느꼈던 기억이 있다.

이처럼 몸이라는 연약한 기계를 지속적으로 유지하고 있는 우리는 통상적인 수준 이상의 모든 충격이 치명적일 수 있다는 것을 기억해야 한다. 아주 작은 접촉만으로도 흔들리는 추의 회전은 가속되며 보다 강한 접촉이 그 움직임을 멈추게 한다. 아주 적은 추진력은 앞으로 나아가도록 도와주지만 갑작스럽게 밀면 땅에 쓰러지게 된다. 그러므로 두려움이라는 현상은 낮은 단계에서는 도움이 되지만 일정한 한계를 넘어서게 되는 순간 몸에 해를 끼치는 치명적인 것이 된다.

이러한 호흡의 불규칙성은 어린이에게 가장 뚜렷하게 나타난다. 우리는 모두 어린이들이 땅에 넘어졌을 때 날카로운 비명을 지른 후 일정한 시간 동안 깜짝 놀란 상태로 있다가 결국 울음을 터뜨린다는 것을 알고 있다. 이것이 바로 호흡이 정지되는 경우다. 갑작스러운 통증을 느끼게 되면 어린이는 성문(聲門)이 수축되어 숨을 깊게 들이쉬며, 날카로운 비명을 내지른 후 들숨의 절정에서 경련성의 호흡정지가 발생한다.

신경이 과민한 어린이들은 아주 적은 흥분에도 이러한 경련성 호흡정지가 일어난다. 내가 알고 있던 어떤 아이는 어느 날 아버지가 제대로 보살피지 않자 갑작스럽게 울음을 터뜨리다 1분 이상 호흡정지를 겪기도 했다. 그 아이는 입을 잔뜩 벌리고 입술과 얼굴색이 자줏빛으로 변하고 눈물로 가득한 두 눈은 반쯤 감고 있었다.

숨을 쉬기 위해 엄청나게 애를 쓰던 그 아이는 균형을 잃고 오줌을 지리더니 마치 아무 일도 없었던 것처럼 회복되었다. 하고 싶은 일을 못하게 할 때마다 그런 일이 벌어졌다는 이야기를 들었다.

_ Chapter 8 _

떨림

1

과거의 생리학자들은 짐승들의 정신은 오직 고통과 쾌락이라는 두 가지 자극만을 따르며, 나쁜 것은 피하고 좋은 것을 차지하려는 목표만이 있다고 믿었다. 지난 세기에 알브레히트 폰 할러(Albrecht von Haller)는 이런 견해를 반박했다.

"이 이론은 현상들과 전혀 일치하지 않는다. 갑작스러운 위험으로 두려움을 느낄 때 나타내는 동물의 행동이 생명의 보존을 목표로 하는 것이라면, 무릎을 덜덜 떨면서 갑자기 나약해지는 것보다 더 우스꽝스러운 일이 있을까?

나는 동물들이 공통적으로 나타내는 두려움은 모두 겁 많은 것들의 보존이 아니라 오히려 파멸을 목표로 한다는 확신을 갖게 되었다. 적절한 균형을 유지하기 위해 많이 번식하는 동물은 적게 번식하는 것들에 의해 소멸될 필요가 있다. 그러므로 다른 동물들의 먹이가 되어야 하는 동물들은 자신들을 쉽게 지킬 수 없어야 할 필요가 있는 것이다.'

떨림 현상에 대한 이런 해석을 찰스 다윈은 몰랐을 것이라고 생각한다. 그렇지 않았다면 그는 이런 해석을 논박하려 했을 것이며, 적어도 자신의 글 속에 언급했을 것이다. 그는 매우 신중했으므로 자신의 이론에 내한 반론을 무시하지는 않았을 것이기 때문이다.

여기에 스펜서와 다윈의 일부 가설들과 반대되는 것으로 보이는 또 다른 현상의 실례가 있다. 생존경쟁에서 동물들이 자신을 지키는 가장 유용한 능력을 완벽하게 갖추고 있다는 것이 사실이라면, 그리고 여러 세대에 걸쳐 종들의 보존에 해가 되는 기질들을 모두 버렸다면 왜 몸을 떠는 것일까?

오히려 그와는 반대로 위험과 마주친 결정적인 순간에 벌벌 떨면서 몸이 마비되어 저항도 못하고, 최소한의 힘도 쓰지 못하는 이유는 무엇일까? 몸에 나타나는 그처럼 심각한 결함에 대한 할러의 가설이 옳다고 주장하기에는 부족하므로, 또 다른 상황에서 나타나는 이 현상의 이유와 원인들을 찾아보기로 하자.

2

찰스 다윈은 자신의 책 《감정의 표현》에서 이렇게 말한다.

"인간을 비롯한 많은 동물들 그리고 대부분의 하등동물들에게 공통적으로 나타나는 떨림은 아무런 도움도 되지 않는다. 떨림은 종종 대단한 손해가 되며, 애초에 의지를 통해 습득될 수 없는 것이었지만 나중에 다른 감정과 결합되어 습관적인 것이 되었다."

그리고 떨림이 대단히 모호한 현상이라 말하면서 그 주제를 끝 맺는다.

파올로 만테가자는 다윈이 이 중요한 문제에 대단히 무관심했다고 힐난했다. 그는 자신의 책 《골상학과 의태》에서 "다윈은 두려움을 느낄 때 몸을 떠는 것이 유익하지 않다고 밝혔지만, 고통에 대한 나의 실험 연구들에 따르면, 몸을 떠는 것은 온기를 만들어내려는 것이다. 두려움으로 인해 너무 차가워지는 혈액을 따뜻하게 만드는 대단히 실용적인 것이다."

이 논쟁에 참여하는 나로서는 떨림이 일어나는 몸의 다양한 조건들을 면밀하게 검토하고, 아무런 편견 없이 이 문제를 논의하는 것이 최선일 것이다. 이 작업에 착수하면서 약간의 걱정이 앞선다는 것은 인정해야겠다. 생리학에서 만테가자의 권위는 너무 확고해서 명성이 높은 다윈의 견해도 선뜻 인정받기는 어렵기 때문이다. 지금부터 사실들을 파악해보기로 하자.

기온이 37°인 한여름에 뜨거운 태양 아래에서 두려움에 몸을 떠는 동물을 본다면, 몸을 따뜻하게 할 필요는 전혀 없다고 생각하게 될 것이다. 게다가 적도에 사는 원숭이와 코끼리 같은 동물들도 놀랐을 때는 언제나 몸을 떨기 때문이다.

열병에 걸리면 체온은 40°가 넘지만 이빨을 부딪치며 떨게 된다. 그리고 인간은 몸을 떨어 혈액을 따뜻하게 만들기보다 생명의 보존을 위해 혈액을 식혀주는 메커니즘이 필요할 것으로 보인다. 두 팔로 대단히 힘든 작업을 하거나 오랫동안 노동을 한 후에는 열기로 인해 헐떡이면서 두 손을 떨게 된다.

피로에 대해 연구하면서 몬테비소 산의 정상 또는 몬테로사의 드높은 빙하에서 돌아오는 무리한 행진을 한 후, 비록 체온은 정상보다 1~2도는 높지만 다리가 떨리고 있다는 것을 알 수 있었다. 홍차, 알코올, 커피를 비롯한 여러 가지 자극적인 약물들은 아주 뚜렷한 떨림을 일으킨다. 갑작스러운 웃음, 기쁨, 취기, 방탕한 놀이, 분노에 빠져 있을 때처럼 혈액을 따뜻하게 할 필요가 없을 경우에도 목소리와 다리는 떨린다.

이런 모든 것들이 다윈의 견해가 옳다고 생각하도록 만들 가능성이 있다. 보다 결정적으로는 두려움을 느끼는 동안 떨림이 만들어내는 비참한 효과를 생각할 때, 그의 편을 들고 싶어지기도 한다. 앞으로 '놀람'을 다루는 장에서 보다 더 상세하게 설명하게 될 바다표범을 비롯한 많은 동물들은 너무 격렬하게 몸을 떨어 도망칠 수도 없게 되면서 끔찍하게 살해되기도 한다.

우리는 육체라는 유기적 조직체의 탁월한 완전성에 감탄한다. 하지만 몸을 따뜻하게 만들기 위해 위험으로부터 도망치지 않고 살해당할 때까지 떨고 있다는 모순을 어떻게 인정할 수 있을까? 급히 도망친다면 몸을 훨씬 더 따뜻하게 만들 수 있으며 생명도 구할 수 있지 않을까? 하지만 문제를 이런 방식으로 판단해서는 안 될 것이다. 사실을 해석하는 과정에서 제시되는 서로 다른 견해들은 과학에서 가장 풀기 어려운 문제이며, 반대론자들에게는 언제나 자신의 입장을 견고히 할 수 있는 일정한 영역이 남아 있기 때문이다.

3

떨림의 실질적인 특성을 알아보려면 무엇보다 근육이 어떻게 구성되어 있으며, 어떻게 움직이는지를 알아보아야 한다.

현미경으로 머리카락만큼이나 가느다란 근육섬유를 살펴보면 거의 백 개의 대단히 미세한 원(原)섬유들이 다발의 형태로 촘촘하게 놓여 있다는 것을 알게 된다.

성능이 뛰어난 현미경으로 보면 각각의 원섬유는 일련의 근육질 성분으로 구성되어 있다. 다시 말해 두께가 2000분의 1mm 정도인 아주 많은 작은 상자들이 전지(電池, battery)처럼 켜켜이 쌓여 있다. 각각의 작은 상자는 각기둥의 형태이며 두 개의 납작한 끝이 맞닿아 있다. 처음으로 이러한 작은 상자들을 설명했던 사람은 영국의 생리학자였다. 그래서 과학에서는 보면(Bowman)의 근육 요소라고 알려져 있다.

근육으로 향하는 신경들은 마치 멀리 떨어져 있는 광산의 폭약에 불을 붙이기 위한 도화선의 미세한 심지처럼 지선(支線)들을 모두 원섬유로 보낸다.

신경이 근육 속에 영향을 끼치면 화약통 또는 근육 상자들에 감겨 있던 물질에 급격한 분자 변화가 일어나 수축하면서 밀접해 있는 양끝을 누르게 된다. 신경들의 작용이 멈추면 그 즉시 이완되었다가 이전의 형태를 되찾는다. 근육이 수축할 때, 더 두껍고 짧아진다는 것은 잘 알려져 있다. 이두근이 어떻게 부풀고 단단해지는지를 느끼기 위해서는 팔꿈치 약간 위쪽의 팔을 붙잡고 굽혀보기만 해도 알 수 있다.

몸의 가장 멀리 떨어진 구석구석까지 모두 순환하는 혈액은, 말하자면 근육을 다시 충전할 신선한 폭발성 물질을 실어 나르고 검댕과 화산 찌꺼기를 깨끗이 씻어낸다. 혈액의 움직임은 마을을 관통하며 흐르는 시냇물과 같아서, 모든 집들이 필요한 물을 끌어다 쓰고 쓸모없는 물품들은 그 속으로 내던져 가져가도록 한다.

손가락으로 귀를 막으면 마치 먼 곳에서 울리는 천둥소리 같은 둔탁한 소리를 듣게 된다. 신경은 근육섬유에 지속적으로 작용하지는 않지만 매우 빠르고 불규칙한 충격으로 영향력을 일으키기 때문에 이런 천둥소리는 근육의 수축에 의해 만들어지는 것이다.

동시에 수축을 일으키기 위해 신경이 한꺼번에 방출되는 경우는 거의 없다. 일반적으로 근육 작업에서 방출은 아주 작은 근육섬유에서 시작된다. 이러한 것들이 점점 약해지면 다른 근육섬유들이 그 수축을 강화하기 시작한다. 이것들이 중단되면 다른 것들이 충전된다. 이것들이 소모되면 다른 것들이 그것들의 작업을 떠맡는 것이다. 그러므로 근육의 지속적인 긴장이 유지될 수 있다.

그러므로 근육의 수축은 가장 미세한 부분들의 급속한 떨림이라고 생각해야 한다. 질병이나 그밖의 다른 원인으로 점점 약해지게 되면, 근육을 구성하고 있는 요소들이 눈에 띌 정도로 수축이 시작되었다 확장되기 때문에 우리는 떨게 되는 것이다. 만약 신경의 활력을 감소시키는 물질을 개구리에게 주입하면 개구리가 움직이려고 할 때마다 다리에서 떨림이 일어난다.

강직경련의 격렬하고 치명적인 수축이 일어날 때는 멀리 떨어진 곳에서도 근육이 내는 소리를 들을 수 있다. 신경흥분제에 심하게 중독된 개들을 공명판 위에 눕혀 놓으면 경련이 일어나는 동안 극단적으로 빠른 근육들의 진동에서 비롯된 특징적인 소리를 내게 된다.

4

떨림은 과도하게 발생한 신경성 긴장 또는 쇠약이라는 상반되는 두 가지 원인에 의해 일어날 수 있다.

데카르트는 200년 전에 이런 말을 우리에게 들려주었다. '떨림에는 두 가지 원인이 있다. 한 가지는 뇌에서 신경으로 영혼이 너무 적게 오기 때문이며, 또 다른 한 가지는 때때로 영혼이 너무 많이 오기 때문이다.'

마치 꽉 쥔 주먹으로 어깨를 만지려는 것처럼, 전완(前腕, 팔꿈치에서 손목까지)을 강하게 상완(上腕, 어깨에서 팔꿈치까지) 쪽으로 구부리면, 그 즉시 손이 떨리는 것을 알아차리게 된다. 수축을 만들어 내고 조절하는 신경의 방출이 그것들의 목적에 정확하게 부합하지 않기 때문이다. 소총의 개머리판을 어깨에 너무 세게 누르거나, 무거운 총으로 사격을 하면 팔이 떨리기 때문에 표적을 쉽게 맞출 수 없게 된다. 하지만 우리는 이러한 생리적 결함을 대부분 바로잡을 수 있다. 그러므로 몇 달 간 선 긋는 연습을 하면 누구든 선을 곧게 그릴 수 있게 되는 것이다.

떨림의 전반적인 메커니즘을 이해하려면 어떤 물체를 손에 쥘 때 손가락을 구부리는 근육뿐만 아니라 손을 펴는데 소용되는 근육도 활용한다는 것을 기억해야 한다. 움직임을 방해하기 때문에 길항작용(拮抗作用)이라 불리는 이러한 근육의 작용은 대단히 유효

하며, 실제로 근육의 움직임을 정확하게 진행하고 조절하기 위해 절대적으로 필요하다.

눈을 움직이고 싶을 때 모든 근육들이 긴장하게 되지만 하나의 근육이 주도하여 근육들을 원하는 지점으로 이끌어간다. 글을 쓰기 위해 펜을 잡을 때, 우리는 손가락의 굴근(屈筋)뿐만 아니라 무의식적으로 신근(伸筋)도 수축시킨다. 이렇게 하지 않고는 빠르게 움직이는 손과 눈 또는 신체의 다른 어떤 부위를 갑작스럽게 제어하는 것이 불가능할 것이다.

신경중추가 극도로 피곤해지고 과도하게 흥분하면 근육이 수축하는 조화로운 목적이 어그러진다. 굴근과 신근의 긴장이 더 이상 균일하고 확고하지 않게 되어 변덕스럽게 유지되기 때문에 손이 떨리게 된다.

팔을 뻗은 채로 유지하려고 애쓰면 작업을 하는 동안 근육들의 균형을 유지하는 방식으로 신경의 방출을 조절할 수 없다는 것을 알게 된다. 근육들은 한쪽이거나 다른 쪽에서 번갈아 이완되고 수축하게 된다. 이러한 방식으로 끊임없는 흔들림이 일어나고 근육들이 이완되는 속도에 따라 의지로는 제어할 수 없을 정도로 신체의 기관들은 동요하고, 흔들리거나 떨리게 된다.

기쁠 때나 극심한 고통이 있을 때, 목소리의 억양이 변하는 흥분의 단계가 있다. 후두의 근육을 움직이는 신경들이 더 이상 성대를 고르게 조절하지 못하기 때문이다. 이것이 노래를 부르면서 애수에 찬 표현을 나타내기 위한 '트레몰로'의 기원이다.

흥분의 영향을 받게 되면 더듬지 않고 말할 수 있는 사람은 거의 없다. 목소리를 떨지 않고 큰소리를 내면 확장된 가슴을 유지하기는 어렵다. 마찬가지로 목소리가 날카롭고 거칠게 변하지 않으면서 길게 소리를 내지를 수는 없다. 근육들이 피로해지고 성대의 움직임이 불완전하게 조절될 수밖에 없기 때문이다. 마찬가지로 달리기를 하거나 격한 운동을 한 후에 글자를 쓰려고 하면 글자들을 알아보기 힘들게 만드는 이상한 무늬 같은 것이 나타난다.

고통 받고 있는 사람과 동물들에게서 숨을 들이쉬는 동안 기묘한 떨림이 있다는 것을 알게 되었다. 건강한 동물들, 특히 개들도 약하게 떤다는 것을 발견했다. 숨을 들이쉴 때마다 다리와 거의 모든 근육 조직에 매우 뚜렷한 떨림이 있었다.

횡경막의 수축과 가슴 근육의 수축을 일으키는 신경중추에서 일어난 흥분이 너무 강해져 호흡중추의 한계를 넘어서게 되어 온몸의 신경으로 퍼뜨리는 것으로 보인다. 분노와 두려움 그리고 정신적인 혼란 속에서 폭풍 같은 격정이 일어나면 연쇄적인 파급이 신경계 전체로 흘러가 근육들의 진동으로 나타났다가 멈추게 되는 것이다.

떨림은 종종 주변적인 원인으로 나타나며 뜨거운 것과 차가운 것에서 비롯된다. 눈에 띄는 떨림을 만들어내기 위해서는 $48°\sim50°$로 가열된 물속에 팔을 넣고 있는 것만으로 충분하다. 나의 동생을 통해 반복적으로 관찰했던 이 사실은 얼굴에 차가운 공기가 계속 불어올 때 이빨이 맞부딪치는 것과 일치한다.

5

쉽게 흥분하는 개들은 종종 다른 개가 가까이 다가올 때 몸을 떤다. 2층 높이의 장소에서 길거리를 지나가는 커다란 개를 볼 때마다 마치 나뭇잎처럼 몸을 떨어대는 개가 있었다. 이처럼 격렬한 경고는 참으로 안타까운 일이어서 상상 속의 그 경쟁자는 그의 존재를 인식하지 못하고 심지어는 쳐다보는 일도 없기 때문에 결국에는 아무런 쓸모도 없는 짓이다. 하지만 멀리서 다른 개들의 모습이 보이자마자 그 개는 의심하기 시작하고, 불안정하게 와들와들 떨게 된다. 등짝의 털이 바짝 곤두서고, 온몸을 떨며 창문 가까이 귀를 쫑끗 세우고 두 눈으로는 사납게 내다보며 으르렁거리며 이빨을 드러내지만, 겁많은 오만함과 멸시당하는 자존심의 우스꽝스러운 행위일 뿐이다.

하지만 두려움을 느끼는 동안 떨림이 나타난다는 것은 명확하다. 군의관으로서 사형집행에 참석한 적이 있었다. 약식 재판이었다. '저격병'의 소령이 한두 가지 질문을 한 후 대위에게 간단하게 명령했다. '쏴버려!' 일부는 아연실색하여 입을 벌리고 돌처럼 굳어 있었고 다른 사람들은 무관심한 것처럼 보였다.

스무 살도 안 되어 보이는 청년은 웅얼거리듯 질문에 대답을 하다가 입을 다물고, 총알을 피하려는 사람처럼 손바닥을 활짝 펴 두 팔을 들어올리고 머리는 옆으로 꼬고 몸은 뒤쪽으로 잔뜩 제쳤다. 그 무시무시한 명령을 들었을 때, 그는 절망에 빠져 날카로운 비명을 지르며 마치 누군가를 찾고 있는 것처럼 주변을 두리번거렸다. 그리고는 도망치기 시작해 법정의 벽을 향해 두 팔을 펼치고 달려들어 마치 그 돌벽 사이에 출입구라도 만들려는 것처럼 몸부림치면서 마구 긁어댔다. 비명을 내시브며 몸을 뒤틀어대던 그는 마치 무기력하고 희망이 없는 개처럼 갑자기 땅에 주저앉았다. 그의 얼굴은 창백해졌고 그때까지 한 번도 본 적이 없는 정도로 심하게 몸을 떨었다. 마치 근육들이 사방으로 흔들리는 젤리로 변한 것만 같았다.

사소한 걱정과 두려움일지라도 몸을 떨게 만든다. 급히 서두르는 사람은 세심한 작업을 할 수 없으며, 발작적으로 움직이는 손가락들은 아무것도 움켜쥘 수 없다. 손님의 찻잔에 차를 부으면서 손이 떨리는 것을 부끄러워하던 수줍은 소녀도 있었다.

독일의 어떤 신사는 자신의 흥분성에 대해 매우 기묘한 이야기들을 들려주었다. 다른 무엇보다 아주 적은 흥분만으로도 두 다리가 비틀거리게 돼 춤추는 것을 포기했다는 이야기였다. 모든 것이 그의 평정심을 뒤흔들었다. 어떤 여성에게 손을 내밀어 저녁식사 자리로 안내해야만 하거나, 사람들이 모여 있는 방을 가로질러 걸어가야만 할 때면 관찰되고 있다는 단순한 생각만으로도 몸이 떨리고 술에 취한 것처럼 비틀거리게 된다고 했다.

모든 사람들 사이에서 숭배와 사랑의 징표로서 그리고 용서와 자비를 구하는 자세로서 무릎을 꿇는 자세는 강력한 흥분이 다리에 갑작스러운 떨림을 일으켜 땅에 주저앉도록 만드는 생리학적인 사실 때문이라고 봐도 될 것이다.

6

떨림이라는 문제를 거듭 생각하던 중 매우 흥분되는 기억이 떠올랐다. 옛일을 떠올리며 쉴 곳을 찾으려 할 때마다 나는 여전히 내 앞에서 떨고 있던 사람들의 모습을 떠올리게 된다. 제일 먼저, 어렴풋한 기억들 중에서도 어렸을 때 나를 무릎에 앉혀놓고 나폴레옹의 전투에 대해 이야기해주곤 하던 퇴역군인인 나의 늙은 삼촌이 있다. 나는 삼촌의 손에서 떨리고 있는 담뱃갑을 바라보면서 자신의 훈장에 있는 황제의 그림을 보여주는 그분의 손가락이 떨리지 않도록 도와주어야 하는 것은 아닌지 판단할 수 없었다.

그분의 뒤편에서 수수하고 정이 많은 늙으신 숙모님이 떨리는 목소리로 내게 다정한 말씀을 해주시곤 했다. 그분은 내 어머니의 대모였으며, 그분의 작은 작업대 곁에서 놀고 있을 때는 언제나 관대하셨으며 돋보기 너머로 나를 느긋하게 지켜보시곤 했다. 내가 커다란 바늘귀를 통해 실을 뽑아낼 때까지 기다려주시면서 '이제는 두 손이 말을 듣지 않는구나'라고 말씀하시곤 했다.

그리고 내딛는 걸음마다 생명의 위협을 느끼며 빙하를 가로지르며 돌아다니던 알프스에서 겪었던 발작적인 떨림이 있다. 나를 집어삼킬 것만 같았던 무시무시한 심연을 빠져나왔던 일은 기적처럼 보였다. 또한 내가 겪었던 병원 생활의 첫 번째 기억들 중에는 키니네나 수은에 중독되어 벌벌 떨고 있던 병약자들의 야윈 얼굴이 있다. 회복기의 환자들은 침내에 앉아 손에 들고 있던 컵을 고정시킬 수 없었다. 혈액 부족으로 매순간 떨고 있던 빈혈 환자들, 잠이 들어야만 안정을 찾을 수 있었던 히스테리성 환자들이 있었다.

화재로 보일러가 폭발해 무너진 건물의 폐허를 찾아 허겁지겁 달려갔던 때의 그 장소들도 기억한다. 화상으로 인해 이빨을 맞부딪치던 사람들, 타박상을 입어 덜덜 떨며 들것에 누워 있던 튼튼한 인부들도 기억한다. 파상풍에 걸린 불쌍한 사람들을 돌보며 서로를 위로하던 잠못 이루는 밤들도 기억한다. 그들의 생명은 클로로포름을 흡입하는 것으로 연장시켜야만 했다.

나는 지금도 여전히 진료소의 길고도 적막한 복도에서 여전히 '척수매독'이나 '진전마비(震顫麻痺: 파킨슨 병)'로 고통받고 있던 사람들의 비참한 모습을 보고 있다. 마치 근육이 흔들거리는 저주라도 내린 것처럼 그들은 온전히 설 수도 없고 몸을 세울 수도 없어서 의지는 아무런 역할도 할 수 없으며, 마침내는 딱딱하게 굳어버려 뼈마디를 구부릴 수조차 없는 불구가 되곤 한다.

이제 이처럼 고통스러운 기억에서 벗어나 내 눈 앞에 펼쳐졌던 좀 더 즐거운 광경들을 이야기해보자. 자녀의 결혼식에서 더 이상 손에 술잔을 들고 있을 수 없게 되고, 두 눈에 눈물을 보이며 알아들을 수 없는 말을 더듬거리던 부모님의 가슴 벅찬 떨림을 이야기해보자. 떠들썩한 하객들 앞에서 시를 읽기 위해 자리에서 일어나면서 손에 든 원고가 흔들리지 않도록 제어할 수 없었던 젊은 시인도 보았다. 떨리는 입술로 정신없이 바쁘게 움직이던 부인네들의 얼굴은 만족스러움으로 빛이 나고, 별다른 문제 없이 결혼식을 치렀다는 기쁨을 가라앉힐 수 없었던 그들은 결국 자리에 앉아야만 했다. 마지막으로 다시 만났다는 기쁨에 서로를 끌어안으며 두 손을 떨던 친척들도 기억난다.

너무 예민해서 사소한 흥분에도 나타나는 우스꽝스러워 보이는 행동을 남들이 알아차리지 못하도록 슬그머니 물러서야만 하는 남자들도 알고 있다. 또한 감동적인 연설을 듣게 되면 떨지 않으려고 탁자를 손으로 짚어 의지해야만 하는 사람들도 있었다.

손이 떨려 글도 제대로 쓰지 못하게 된 것에 깜짝 놀라던 상사병에 걸린 친구도 있었다. 정신노동에 시달리고 난 후에 나타난 떨림 때문에 내게 진찰을 받았던 동료들도 있다. 공포를 겪은 이후로 평생 몸을 떨어야 했던 사람들도 있었다.

하지만 두려움과 떨림이 함께 가장 무서운 고통을 만들어내며, 인간 본성의 가장 끔직한 형벌은 진전섬망(delirium tremens, 進展譫妄)이다. 나의 의사 경력 중 오직 세 번만 그런 경우를 보았으며, 깊은 우울의 베일에 뒤덮인 그 비참한 사람들의 얼굴이 지금도 눈앞에 선하게 떠오른다.

독자들을 그처럼 불행한 징면에 너무 오래 잡아두지 않기 위해 당시의 관찰을 간략하게 하나로 모아 소개한다.

대개는 구토를 하거나 광기에 사로잡혀 있는 것 같다는 환자의 다급한 호출을 받게 된다. 그곳에 가면 우리를 무심하게 쳐다보는 창백하고 야윈 사람이거나 무뚝뚝하고 거친 목소리로 무례하게 대답하는 사람을 만나게 된다. 침대 주변에 둘러 서 있는 친지들과 아내 그리고 자녀들은 그가 그동안 무절제하게 술을 마셨으며 그 전날 밤에도 인사불성이 되어 집에 돌아왔다는 말을 전해준다.

밤이 새도록 투덜거리더니 너무 지쳐 아침에는 자리에서 일어나지 못했다. 하루 종일 끙끙 앓았으며 식욕도 없어 아무것도 못 먹더니 구토를 하기 시작했다. 그의 혓바닥을 살펴보면 위카타르처럼 두껍고 희끄무레한 막으로 뒤덮여 있었다.

발병 초기에는 손은 떨리지 않지만 컵이나 숟가락을 집으려 하면 흔들리기 때문에 모든 것을 엎지르고 흘리게 된다. 한밤중에 깜짝 놀라 잠에서 깨도록 만든 환자의 꿈들은 분명한 환각의 특징을 보여준다. 환자들은 종종 침대 밖으로 튀어나가 뱀이 자신의 목을 칭칭 감고 있다고 외치면서, 헐떡거리며 자신들의 몸에서 옷을 찢으려 한다. 마치 목에서 올가미를 벗겨내려 애쓰는 것처럼 자신들의 광기가 단단히 붙들어 맨 족쇄로부터 벗어나려는 듯 벌거벗은 채 몸을 비틀어대며 서성거린다.

그리고는 평온해지지만 정신착란이 다시 일어나고 점점 심해져 더 이상의 평화로운 시간은 누릴 수 없게 된다. 그들은 자신의 삶을 온통 실체가 없는 것에 맡기게 되며, 눈앞에서 수많은 파충류와 곤충들이 끊임없이 주변을 기어 다니는 것을 보게 된다. 얼마나 고통스러운 일인가!

그들은 시시때때로 괴물 같은 거미나 독을 뿜는 전갈들이 벽을 타고 침대로 기어오른다고 외친다. 불타오르는 듯한 눈을 지닌 검정고양이들이 가슴 위에 웅크리고 있다고 한다. 게거품을 뿜는 늑대들 또는 미친개들이 아가리를 벌리고 물려고 하거나 딱정벌레와 뒤섞여 있는 역겨운 쥐들이 급소를 갉아먹으려 한다고 한다.

그후 두려움에 휩싸여 고통받는 환자들은 이를 갈아대며 신음소리를 내고 울부짖으며 흐느끼며 몸을 뒤틀어댄다. 자신의 손을 물어뜯고, 침대보를 찢으며, 광기에 휩싸여 손톱으로 얼굴을 마구 쥐어뜯는다.

그리고는 자리에서 일어나 도망치려 애쓰다 지치고 창백해져 일그러진 얼굴로 침대 위로 쓰러져 버린다. 목구멍에서는 가르랑거리는 소리가 나고 가장 끔찍한 절망 속에서 눈알을 굴려 이리저리 두리번거린다.

가끔 이런 소름끼치는 광풍이 끝나고 잠시 평온이 찾아오기도 한다. 활력을 잃은 환자들은 질문을 하면 알아듣기는 어렵지만 심술맞기 그지없는 대답을 한다. 발작이 잦아들고 잠시 제정신이 돌아오면 자신의 불행이나 고통을 잊기 위해 술을 마셨다고 말하지만, 이것은 어둠에 휩싸인 폐허의 한가운데로 잠깐 비추는 광선 같은 것일 뿐이다.

거의 모두가 황폐해진 가족에 대해서는 무관심한 채로 슬픔에 잠긴 채 머리를 가로저으며 자살에 대해 이야기한다. 광적인 발작이 일어날 때마다 그것의 원인이 무엇이든, 너무나 광포해져 강제로 묶어 안정을 시켜야만 한다.

몸이 점점 더 심하게 떨리게 되면 환자는 잠을 자지 못하게 된다. 군시렁거리며 이리저리 돌아다니고, 마치 길 잃은 개처럼 방 안을 서성거린다. 우리는 그의 한탄에서 환각이 점점 그의 이성을 구속하게 된다는 것을 알게 되었다. 더듬거리며 툭툭 끊어지는 말 속에서 때때로 자신은 중독되었으며 자신의 입속에 무언가 역겨운 맛을 느낀다고 하며, 배신당할 것을 두려워하기 때문에 모든 것을 거부하게 된다.

그는 방 안에서 어떤 증기가 피어올라 자신을 질식시킬 것이라고 말하면서 분노에 휩싸인 채 이리저리 뛰어다니고 꽉 쥔 주먹으로 허공을 휘둘러대고, 몸으로 벽을 밀어대거나 창문으로 돌진한다. 자신을 해치는 증기가 뿜어져 나온다고 생각하는 가구와 가재도구를 바닥으로 내팽개친다.

_ Chapter 9 _

얼굴의 표정

1

감정이 나타났다 사라지는 얼굴에서 그 세부적인 사항들과 순간적인 특징을 말로 전달할 수 있는 사람은 없다. 우리의 눈은 사람의 용모를 그 정도의 속도로 정확하게 살펴볼 수 없다. 가장 위대한 작가일지라도 그런 묘사에는 그다지 정확하지 못하다. 단지 화려하고 비유적인 언어에 의존할 뿐이다.

친구에게 '너에게 나쁜 소식 한 가지를 전해야겠어.'라고 말할 때, 그의 얼굴과 표정과 몸짓에 갑작스러운 변화가 나타난다는 것을 느끼지만 그것을 표현할 수 있는 방법은 없다. 눈의 움직임에서 일어나는 미세한 변화들을 판단할 수 없기 때문이다. 커지는 눈동자, 뺨에 나타나는 색깔, 입술의 떨림, 콧구멍의 확장, 빨라지는 호흡, 손동작, 머리와 몸통에 나타나는 자세의 변화도 마찬가지다.

얼굴에 나타나는 미세한 특징들이 확대경 밑에서는 사라지고 만다. 용모의 세세한 면은 알아차리기 어렵다. 아름다운 용모는 미묘하고 섬세한 베일로 가려져 있어 그것을 찢어버리거나 아름다움을 훼손하지 않고는 파악할 수 없다.

이것이 내가 주저하면서도 시신의 머리에서 피부를 잘라내고 근육을 떼어내기 위해 해부용 메스를 잡았던 이유였다. 두개골에서 얼굴의 근육들을 분리했을 때, 피부로 만든 채광구멍 같은 마스크가 내 손에 남았다. 피부의 안쪽에서 본 인간의 얼굴은 얼마나 추한 것인지! 우리는 우리 자신을 제대로 알아보지 못한다. 섬유질 막과 근육의 망상(網狀) 조직이 가장 아름답고 풍부한 표정을 드러내던 부분이며, 방금 전까지도 너무나도 우아하게 움직이며 무한한 자비심과 애정을 표현하던 얼굴이라는 것을 믿기 어려울 정도이다.

이것은 마치 백주 대낮에 벌어지는 불꽃놀이처럼 완전한 환멸이며 슬픈 광경이다. 연극이 끝났을 때, 눈부신 극장의 장식물들이 어설픈 그림들과 누더기로 만들어져 있는 것을 가까이에서 살펴보는 것과 같다.

이런 섬유질로 된 살이 표정과 특징적인 생김새와 자아를 표현하도록 해준다는 것을 쉽게 믿을 수는 없을 것이다. 이런 근육의 얇은 잎사귀 위에 각자의 인생 이야기를 썼다니. 신비한 동정심과, 무관심, 반감과 혐오를 강요하던 것이 이런 부분들의 우연한 배합

이었다니. 이것이 인간들을 무의식적으로 끌어당기거나 멀어지게
했던 기관의 헤아리기 어려운 비밀이라는 것을 쉽게 믿을 수는 없
을 것이다.

2

인간 용모의 가장 위대한 감식가였던 레오나르도 다빈치는 해부
학을 열정적으로 연구했다. 조직 표본에 대한 그의 그림들은 가장
세밀한 세부사항들의 정확성으로 여전히 학자들의 감탄을 불러일
으킨다. 레오나르도는 자신의 학생들에게 이렇게 말했다.

"우선 과학을 연구하라. 그 후에 과학의 딸인 기술을 따르도록
하라."

이 말은 위대한 예술가이며 수학자 그리고 뛰어난 철학자였을
뿐만 아니라 실험적인 방법론의 창시자였던 그에게 어울리는 것이
다.

얼굴에 대한 연구를 인간의 얼굴로 시작해서는 안 된다. 근육망
은 너무 촘촘하고, 근육섬유의 방향은 너무 복잡해서 먼저 하등동
물을 통해 이러한 근육들의 기원을 알아야 한다. 보다 단순한 생명
체에서 근육들의 임무와 변화를 연구하지 않는다면, 우리는 실패
하고 말 것이다.

얼굴에서 가장 중요한 부분은 입과 콧구멍이다. 다양한 동물들

에서 머리의 형태가 어떤 식으로 변형되든 이 부위들만은 절대로 사라지지 않는다. 새들이 그렇듯이 입술과 코 그리고 뺨은 알아차리지 못할 수도 있다. 두더쥐가 그렇듯이 눈은 단순하게 돌출된 것이 되거나, 동굴에 사는 일부 동물들이 그렇듯이 전혀 없을 수도 있다. 하지만 입은 언제나 남아 있다. 소화관은 몸에서 가장 유용한 기관이기 때문이다. 심장과 폐가 없는 동물들도 입은 있으며 소화관의 끝에 깔대기처럼 형성되어 있다.

이 소화관의 끝이 우리가 얼굴이라고 부르는 것이다. 이렇게 표현하는 형식이 괴상하기는 해도 진실을 말하고 있는 것이다.

얼굴 근육의 발달은 먹이를 잡고 음식을 분쇄해야 할 필요성에 비례한다. 음식을 통째로 삼키는 개구리, 물고기, 파충류, 조류에게는 눈 외에는 아무런 표정도 없으므로 얼굴이 없다고 말할 수도 있다. 조류의 경우 얼굴 신경의 기능은 목의 피부 근육으로 분배되는 작은 필라멘트(섬유상세포 纖維狀細胞)에 한정되어 있으며, 여기에서 특징적인 감정 표현인 깃털을 곤두세우고 목덜미를 세우는 행위가 일어난다.

먹이를 움켜쥐고 삼키는 움직임이 복잡해질수록 입의 구조도 복잡해진다. 입술은 가슴의 젖꼭지를 빨기 위해 움직이기 쉬워야만 한다. 나중에는 턱 사이에서 씹어야 하는 음식 조각들을 가져오는 역할을 하게 되었으며, 더 나아가 개들이 물어뜯을 준비를 하면서 이빨을 드러내듯 위쪽으로 끌어올려질 수 있어야 한다.

그후 찢고, 으깨고, 쪼개고, 갉기 위한 엄니가 갖추어진 턱의 움직임이 나타났고 또한 마시고, 핥고, 입속의 음식을 모으고, 둥근 덩어리로 만들어 식사를 마치는 매우 복잡한 혀의 움직임이 나타났다.

모든 동물들 중에서도 원숭이는 얼굴 근육이 잘 발달되어 있다. 무엇이든 먹는 생활환경에서 비롯된 것으로 먹이를 붙잡는 기관으로 입을 활용하면서 음식을 찢고, 껍질을 벗기며 지속적으로 준비하는 손을 보조기관으로 활용한다.

원숭이의 표정은 무척 빠르게 변한다. 짧은 시간 내에 욕망에서 경멸로, 약삭빠름에서 순진함으로, 사랑에서 분노로, 공격성에서 두려움으로, 기쁨에서 슬픔으로 변화하는 다양한 표정들을 보게 된다.

다윈은 동물들이 자신의 무기가 상대방에게 보이도록 이빨을 보여주는 것이며, 이런 방식으로 두려워하고 있다는 것을 나타낸다고 믿었다.

동물들은 물려고 할 때 턱을 덮고 있는 입의 부드러운 부분들이 상처를 입지 않도록 입술을 들어 올려야만 하므로 나에게는 다윈의 설명이 올바른 것으로 보이지는 않는다. 이빨을 보이는 것이 물기 위한 준비동작이라는 것은 개를 관찰하면 쉽게 파악할 수 있다.

3

표정을 나타내는 얼굴 근육이 더 쉽게 움직이는 이유들 중의 한 가지는 그 크기가 아주 작기 때문이다. 이러한 생각을 처음으로 명확하게 제시했던 사람은 스펜서였다. 나는 감정에 대한 설명 중 이보다 더 중요한 것은 없다고 생각한다.

"신경성 흥분의 미약한 파동이 신경계 전체에 균일하게 전파된다고 가정해 보면, 이완의 부담이 가장 적은 근육에서 그 효과를 나타내게 될 것이다.

커다란 근육들은 아무런 신호도 만들어내지 못한다. 반면에 작은 근육들은 이처럼 미약한 파동에도 눈에 띄게 반응한다. 얼굴 근육이 상대적으로 작으면서 쉽게 움직이는 부분에 붙어 있기 때문에 얼굴은 감정의 강도를 파악하는데 매우 훌륭한 지표가 된다."

하지만 이 법칙으로는 얼굴의 표정을 설명하기에 부족하다. 귀와 피부를 비롯한 곳에도 미세한 작은 근육들이 있지만 표정을 나타내는데 아무런 역할도 못하기 때문이다.

나는 일정한 근육의 빈번한 사용과 그 근육신경들의 서로 다른 흥분성이 가장 중요하다고 생각한다. 우리가 자주 움직이는 근육들은 신경중추의 흥분을 쉽게 드러내기 때문이다. 말과 개는 귀를 통해 모든 감정들을 충실하게 드러낸다. 반면에 인간의 귀에도 똑같은 근육이 있지만 전혀 사용하지 않기 때문에 강한 감정을 느낄 때도 움직이지 않는다.

얼굴 근육은 신경계가 작은 충격들을 받아들일 때마다 흥분한다. 이미 호흡과 말하기와 씹기 등으로 끊임없이 움직이고 있기 때문이다.

우리는 신경중추가 지나치게 과민해지면 얼굴 신경이 수축하면서 눈을 급하게 깜빡거리고, 입을 뒤틀거나 찡그리는 사람들을 자주 보게 된다. 하지만 손이나 발 또는 그 밖의 신체 부위에서는 그러한 장애를 전혀 알아차리지 못한다.

신경의 흐름에 저항하는 서로 다른 신경들의 다양한 저항은 표정에 중요한 요인이 된다. 얼굴과 눈의 근육들은 뇌에 가까이 있어서 신경의 방출이 쉽게 이루어진다. 죽음은 언제나 중심부에서 가장 멀리 떨어진 부위들에서 시작된다. 팔보다 다리가 더 빨리 뻣뻣해지며 눈은 가장 늦게 생명력을 잃게 된다.

현재 논의하고 있는 이 문제는 어쩌면 생리학자들이 가장 등한히 했던 연구 분야일 것이다. 현대 생리학의 아버지인 요하네스 뮐러(Johannes Müller)는 '정신 상태에 의존하는 움직임들'을 다루면서 다음과 같은 의견을 제시했다.

"다양한 흥분상태에서 얼굴의 표정이 다양하게 나타나는 것은 정신 상태에 따라 얼굴 신경의 전혀 다른 섬유조직 집단이 활동한다는 것을 보여준다. 이런 현상이 일어나는 이유는 물론 특별한 흥분상태와 얼굴 근육의 관계는 전혀 밝혀지지 않았다."

이런 생리학의 모호한 분야에서 무엇이든 발견하게 되기를 기대하면서 얼굴 신경에 대한 몇 가지 실험들을 해보기로 했다. 나는 수면제로 의식이 없어진 개의 얼굴 신경을 두개골의 시작점에서 드러낸 후 두 개의 전극을 고정시켰다. 그렇게 하면 전류를 이용해 신경 전체를 자극할 수 있을 것이라고 확신했다.

아주 약한 자극을 가했을 때, 주둥이는 평상시처럼 차분하지만 앞이마의 근육에 수축을 일으키고 귀를 움직이게 할 수 있다는 것을 알게 되었다. 약간 더 강한 자극을 주었을 때는 코와 눈꺼풀 그리고 광대뼈의 근육이 움직였다. 자극이 더 강하게 지속되자 아랫입술의 근육들이 수축했으며 입이 열렸다. 매우 강한 자극이 주어졌을 때 개는 공격을 하려는 듯한 사나운 표정을 나타냈다.

목이 잘려 뇌가 없는 동물들을 이용한 실험에는 이상야릇한 면이 있다. 운동 신경에 전류를 흘려보내면 얼굴의 특징이 되살아나 집중, 기쁨, 분노 등 일련의 표정들이 번갈아 나타나는 것을 보게 된다. 마치 얼굴 신경에 장착된 전기장치가 뇌의 명령이나 실제로는 더 이상 존재하지 않는 심리적인 영향들을 표현하는 것처럼 보인다.

그러므로 기계적인 표현은 생각보다 훨씬 단순하게 나타난다.

신경중추에서 심리적인 작용이 일어나면 긴장 상태가 저항이 적은 신경선들을 따라 전파되는 것이다. 우리를 더욱 예민하고, 더욱 우아하고, 아름답고, 매력적으로 보이도록 만들어주는 것은 미소에 의해 나타나는 입술의 곡선이다. 천박하고 둔감한 사람들은 미소를 지을 수 없다. 그들은 소란스럽고 멍청한 웃음을 터뜨릴 때까지 줄곧 자극이 늘어나야 한다.

신경 경로들은 뇌가 근육 운동에 아무런 작용도 할 필요가 없도록 구성되어 있다. 흥분의 강도가 표정을 만들어낸다. 흥분이 강해질수록 신경의 긴장이 밀고 나가는 경로들이 더 많아진다.

흥분의 효과는 주로 얼굴의 근육과 호흡에 반영된다. 호흡은 유기체의 필요에 끊임없이 순응하며, 신경중추에서 일어나는 모든 변화들과 밀접한 연결 관계를 유지한다. 가장 생생하게 흥분을 표현하는 근육들은 거의 모두 호흡기 근육이다.

4

우리의 신경계는 격렬한 흥분으로 일어난 활동을 모든 방향으로 방출하도록 구성되어 있다. 이런 점에서 우리는 웃음과 울음, 고통과 기쁨처럼 서로 다른 감정 상태 사이에 유사성이 나타나는 이유를 찾아보아야만 한다.

'표현의 규모를 결정하는 것은 자극의 질이 아닌 양이다.' 간지럼이 일으키는 현상들을 연구해보면 나의 이러한 설명은 더욱 명확해진다.

원숭이들은 겨드랑이를 건드리면 몸을 비틀고 몸부림치면서 인간의 비명소리와 비슷한 소리를 내지른다. 신경중추는 특정한 신경의 기계적인 흥분에 대단히 민감하며, 그곳을 건드리면 우리는 기분 좋은 감각을 느끼거나 갑작스러운 흥분에 빠지게 된다.

우리 주변에는 간지럼을 전혀 참지 못하는 예민한 사람들이 한 명쯤은 있다.

호흡운동이 더욱 빨라지면서 가끔 억제되었다가 불규칙하게 다시 시작된다. 확장된 콧구멍에서 거친 숨이 쏟아지고, 귓속에서는 노랫소리가 들리고, 심장은 더욱 급박하게 뛴다. 약간의 간지럼이 어떻게 그런 흥분을 일으킬 수 있는지 궁금할 정도로 심장의 박동은 격렬하게 울려 퍼진다.

생명 유지에 필요한 중추들은 감각을 둔화시키며 통제의 고삐를 느슨하게 만드는 이 신비한 감정에 깜짝 놀라게 된다. 뇌의 조절하는 힘이 멈추게 되어 몸은 무기력에 빠지고 거의 무의식적으로 알 수 없는 말들을 내뱉는다. 두 팔은 발작적으로 거칠게 부둥켜안았다가 움켜잡았다가 뒤틀린다. 이를 갈다 겉으로 드러내며, 마치 인간 속에 잠재된 동물의 영혼이 깨어난 것처럼 끙끙대며 울부짖는 소리를 낸다.

마침내 폭풍우가 지나가면, 마치 천둥소리에 이어지는 번개의 섬광처럼 경련과 떨림은 몸에서 서서히 사라진다. 하지만 무감동한 눈초리, 무기력한 모습, 축축한 피부, 나른한 몸, 목마름, 두근거림, 나약함, 무감각은 병적인 발작의 흔적처럼, 엄청난 불행을 겪은 후의 우울처럼 남아 있게 된다.

Chapter 10

이마와 눈의 표정

1

과학 발달의 역사를 꼼꼼히 살펴보지 않은 사람들은 진화이론이 오로지 다윈의 업적일 것이라고 생각한다. 이와 똑같은 일은 전쟁이 승리로 끝난 후에도 일어난다. 다른 장군들의 전공도 전쟁의 승리에 효과적이고 결정적이었음에도 불구하고 대중의 의견은 어느 한 장군의 이름만을 찬양한다. 하지만 이 경우에 다윈 자신이 진화의 원리에 대한 '위대한 해설자'라고 불렀던 허버트 스펜서에게 가장 큰 찬사를 보내지 않는 것은 부당한 일이 될 것이다. 일찍이 1855년에 자신의《심리학의 원리》초판본에서 직접 밝혔듯이 스펜서는 '세상 모두에게 조롱받고 과학계에서 얼굴을 찡그리며 불쾌해 할' 때 진화설을 주장했다.

스펜서는《심리학의 원리》재판본에 '감정의 언어'라는 제목의 장을 추가했다. 이것은 우리에게 매우 가치가 큰 내용으로 다윈의 《감정의 표현》이 출간되기 몇 달 전에 발표된 것이었다.

생리학적으로 말하자면, 가장 중요한 아이디어들 중의 한 가지를 스펜서는 다음과 같이 명확하게 밝혔다.

"자극들에 의해 신경중추에서 벗어난 분자운동은 신경계 전체에 걸쳐 최소한으로 저항하는 분비선들을 따라 흐르는 경향이 있으며, 다른 신경중추들을 흥분시키며 다른 신경방출을 준비한다. 의식 속에서 순간순간 일어나는 강하면서 절제 있는 모든 상태의 감정들은 신경파동과 상호 관련이 있어서 신경계 전체에 걸쳐 지속적으로 발생하며 울려 퍼진다. 끊임없이 발생하는 이러한 파동들에 의해 구성되는 끊임없는 신경방출은 내장과 근육에 모두 영향을 끼친다."

다윈이 진전시킨 표정의 기원에 관한 생각들은 스펜서의 원리와 놀랄 만큼 유사하며, 심지어 일치하기도 한다. 다윈 자신은 각주에서 다음과 같이 밝혀야 했다. "스펜서 씨의 영역을 침범했다는 비난을 받지 않기 위해 나의 '인간의 혈통'에 이 책의 일부를 당시에 이미 작성해 두었다는 것을 밝혔다."

스펜서가 제시하고 다윈이 자신의 책에서 보다 상세하게 전개한 표정 변화의 기원을 나는 납득할 수 없었다. 이 두 명의 대가에게 품고 있던 깊은 존경심은 그들이 닦아놓은 길에서 벗어나는 것을 주저하도록 만들었다. 그러나 연구를 하는 동안 그들이 제시했던 사실들이 다른 방식으로도 동일한 결과를 얻을 수 있을 것이라는 확신을 얻게 되었다. 그래서 이 문제에 대한 다른 해답을 지향하는 관찰과 실험들을 알리는 것이 나의 책무라고 생각한다.

흔히들 위대한 철학자의 우물에서 물을 긷는다고 하듯이 여기에서 스펜서의 《감정의 언어》에서 한 구절을 인용하자.

"적대감을 품고 있는 동안에는 동물의 왕국 전체에 만족스럽지 못한 감정이 가장 빈번히 그리고 가장 다양하게 일어난다. 하등동물에게 적대감은 상습적으로 온갖 다툼과 고통이 따르는 전투를 의미한다. 인간에게는 적대감 외에도 만족스럽지 못한 감정의 원인들이 많으며, 적대감이 극단적으로 일어날 경우에만 전투로 끝나게 된다. 만족스럽지 못한 감정과 근육의 활동 사이에는 유기적인 관계가 확립되어 있다. 그러므로 만족스럽지 못한 감정을 외부적으로 드러내는 표정은 근육 수축의 결과로 나타난다.

하지만 만족스럽지 못한 감정이 찡그린 얼굴로 가장 먼저 나타난다는 것을 어떻게 설명할 수 있을까? 이마의 주름은 약하게 나타날 때는 사소한 아픔이나 괴로움을 가리키며, 강하게 나타날 때는 신체적인 고통이나 극단적인 슬픔을 가리킨다. 이런 이마의 주름과 적대감 사이에는 어떤 관계가 있는 것일까? 그 대답은 명확하지 않지만 찾아낸다면 납득할 수 있을 것이다.

밝은 햇빛 아래에서 먼 곳의 물체를 보고 싶다면, 눈 위로 손을 올려놓으면 도움이 된다. 특히 열대지방에서는 뚜렷한 시야를 확보하기 위해 눈에 그늘을 만드는 행위는 매우 유용하다. 손이나 모자로 그늘을 만들 수 없을 경우, 내리쬐는 햇빛 속에서 명확하게 보려면 언제나 이마의 근육들을 수축시켜 눈썹을 아래로 내리고 이마가 불쑥 튀어나오도록 하게 된다. 그렇게 해서 최대한으로 손이 하는 역할을 대신하도록 만드는 것이다.

　　만약 공격과 방어의 다양한 움직임이 일어나는 고등동물들 간의 전투가 벌어질 때 승리는 대부분 더 빠르고 명확한 시야의 확보에 따라 좌우된다는 것을 염두에 둔다면 …… 눈에 햇빛이 들어오지 못하도록 막으면서 시야를 확보하는 것이 가장 중요하게 될 것이며, 경쟁자들 간의 힘이 거의 비슷할 경우 승리를 결정하는 요인이 될 것이다. …… 그러므로 진화가 이루어지면서, 다른 조건들이 동일할 때, 이마에 주름을 만들어내는 근육들을 특별하게 수축시킬 수 있었던 개체들이 승리를 거두고 자손을 남기기 더 쉬웠을 것이라고 추론해볼 수 있을 것이다. 적자생존은 자손에게 이러한 특성을 자리 잡게 하고 강화시키려는 것이다."

　　만약 다윈이 확장시킨 이런 스펜서의 해석이 옳다면 동물들은 여러 세대에 걸쳐　자신들에게 해롭거나 치명적인 특성들을 서서히 제거했을 것이다. 하지만 이 법칙이 진실이라는 것은 전혀 증명되지 않았다. 격렬한 감정을 연구하면서 오히려 위험은 더욱 심각해지고 해로운 현상들이 더 많이 더 강하게 일어난다는 것을 확인하게 되었다. 우리는 이미 떨림과 갑작스러운 발작으로 인해 도망치거나 방어하지 못하게 된다는 것을 확인했으며, 이제 우리는 차분할 때보다 위급한 순간에 앞을 명확하게 보지 못하게 된다는 것을 이해하게 될 것이다.

이런 사실들 앞에서 우리는 두려움으로 인한 현상들이 모두 자연선택 이론으로는 설명될 수 없다는 것을 인정해야만 한다. 극단적으로 나타날 경우, 두려움으로 인한 현상들은 유기체의 불완전함을 가리키는 병적인 현상들이다.

논의를 더 진전시키기 전에 스펜서와 다윈의 가설과 반대되는 것으로 보이는 사실들을 논의해보기로 하자.

2

우리는 모두 빛이 눈의 뒷부분에 도달하려 할 때 눈동자가 능수능란하게 확장되고 수축된다는 것을 알고 있다. 고양이의 경우 대개는 타원형인 눈동자가 강한 빛 속에서는 매우 좁아져 머리카락보다 조금 두꺼운 틈처럼 보인다. 저녁이 가까워지거나 한낮의 어두운 곳에서는 홍채가 거의 사라질 정도로 팽창해 눈에서 녹색을 띤 인광성의 배경을 볼 수 있다.

이 홍채는 강한 빛에서는 닫히고 어두운 곳에서는 열리는 원형의 장막 같아서 눈을 손상시키지 않으면서 시각(視覺)에 필요한 빛의 양을 자동적으로 조절한다.

우리의 몸은 의지나 의식의 개입 없이도 절대적으로 필요한 일부 메커니즘을 자동으로 작동시킬 뿐만 아니라 종종 척수나 뇌의 도움 없이 충분히 반사운동을 일으킬 정도로 완벽하다. 몸은 가장 중요한 기능들을 확실하게 수행하면서 동시에 몇 가지 메커니즘을 작동시켜 전체적으로 동일한 목적을 지향한다.

홍채의 이러한 운동들을 수행하는 메커니즘은 매우 복잡하다. 나는 혈관이 팽창할 때마다 동공이 수축되고 혈관이 수축되면 동공이 팽창한다는 것을 알게 되었다.

홍채의 혈관과 홍채의 움직임 사이의 관계에는 중요한 장점들이 많다. 예를 들어, 잠들어 있는 동안 혈관은 팽창하고 동공은 수축되어 빛이 너무 생생하게 느껴지지 않도록 차단한다. 눈에 염증이 있을 때, 빛은 눈을 자극하며 해로운 영향을 끼친다. 하지만 염증이 있으면 혈관은 언제나 팽창하여 동공이 더욱 좁아지고 눈의 후면에 부딪치는 빛의 강도는 약해지므로 염증의 회복이 빨라진다.

다량의 혈액을 상실한 후에 피로하거나, 우울증에 빠져 있거나, 고통을 당하고 있거나 이와 비슷한 경우에 혈관은 수축하고 동공은 확장된다. 이런 방식으로 만약 동공이 수축되어 있다면 빛의 부족으로 인해 감지할 수 없는 것들을 볼 수 있도록 한다.

이 모든 것들이 하나의 기관으로서 완벽하게 보이지만 불행하게도 심각한 결함이 있다.

우리의 눈은 사진기와 같아서 동공은 사진사들이 렌즈 앞에 놓아두는 조리개 같은 역할을 한다. 우리의 눈에도 홍채의 조리개 뒤에 사진기에 있는 것과 비슷한 렌즈가 있다. 빛이 적을 때 사진사는 조리개를 더욱 넓게 열지만 사진은 흐릿해진다. 렌즈의 중심을 통과해 주변장치의 끝으로 통과하는 빛이 사진의 외곽을 명확하지 않게 만들기 때문이다. 그러므로 사진사들은 또렷한 사진을 얻기 위해 아주 강한 빛을 선호하며 조리개를 아주 적게 열게 된다. 이것들은 명확한 시각을 위한 최상의 조건이기도 하다. 먼 곳을 보고 있는 사람이나 멍한 상태에 있는 사람의 눈을 관찰하면서 그 앞에 작은 물체를 고정시키면 동공이 즉시 수축한다는 것을 알 수 있기 때문이다.

하지만 이처럼 놀랍도록 완벽한 메커니즘도 격렬한 감정에 휩싸이게 되자마자 작동을 멈추게 된다. 두려움을 느끼거나 싸움을 하는 동안 혈관이 수축하면 동공은 즉시 확장되며 대상체가 명확하게 보이지 않게 된다. 싸우고 있는 개나, 고양이를 관찰해본다면 우리는 즉시 그 눈이 점점 더 검게 변하며 동공이 최대한 확장된다는 것을 알 수 있다.

하지만 스펜서와 다윈의 가설에 따르자면, 야행성 동물들이 이마와 눈의 표정에서와 동일한 움직임을 아주 정확하게 나타낸다는 사실을 어떻게 설명해야 할까? 어째서 빛이 눈에 들어올 때 약간 더 잘 볼 수 있다는 사소한 이점을 위해 그처럼 복잡한 근육기관을 언제나 작동하며, 반면에 자연은 왜 훨씬 더 심각한 결함에 대비하지 않는다는 것일까?

흥분해 있는 동안에 일어나는 시각적인 결함의 정도를 이해하기 위해 나는 팔치(Falchi) 박사와 함께 다음과 같은 실험을 했다.

우리는 글씨를 작게 쓴 문장을 선택하여 실험대상이 쉽게 읽을 수 있는 가장 먼 거리를 걸정했다. 그리고 나서 갑작스럽고 강한 흥분을 일으키기 위해 그 실험대상에게 일부러 잔소리를 하거나 꾸짖었다.

그후 그 사람에게 그 글을 읽어달라고 요청했다. 그는 더 이상 똑같은 거리에서는 그 글을 읽을 수 없었고 조금 더 가까이 다가서야만 했다. 종종 그 전처럼 읽기 위해 몇 걸음을 더 가까이 다가서기도 했다. 격렬한 근육 운동 역시 시각의 예리함을 현저하게 감소시킨다.

3

두려움으로 인한 증상들을 전체적으로 고려해본다면 사람들은 대체로 유전과 자연선택의 산물이라고 생각하게 될 것이다. 다윈의 추종자들이라면 쉽게 놀라는 동물들은 보다 쉽게 위험을 피해 스스로를 지킬 수 있으므로, 새끼를 낳고 소심함을 영속적으로 전하게 될 것이라 말할 것이다.

하지만 우리는 두려움의 현상이 생리학적 사실들이 병적으로 과장되어 나타난 것임을 알고 있다. 동물들이 유전에 의해 지속적으로 더욱 소심해질 수는 없다. 경쟁을 할 때는 도주와 두려움이 아닌 다른 능력들이 필요하게 되며, 종의 보존은 다른 방식으로 이루어진다. 우리의 몸은 모든 환경 조건에 적응하거나 견딜 수 있을 정도로 완벽하지는 않다. 자연선택이 전혀 쓸모없는 것으로 만드는 부득이한 필요성들이 있는 것이다.

비록 스펜서와 다윈의 원리가 많은 것들을 설명해주기는 하지만 모든 현상들에 적용할 수는 없다. 스펜서와 다윈을 생리학자라고 할 수는 없다. 그들은 감정들을 연구하면서 유기체의 기능에서 관찰된 현상들의 원인을 충분히 조사하지 않았다. 다시 말해, 우리의 몸을 구성하는 여러 부분들에는 계급체계가 있다. 모든 기능들이 똑같이 중요하지는 않기 때문이다. 생명유지에 필요한 유기적 조직 전체에서 혈관이 가장 중요하다는 것은 쉽게 알 수 있다. 혈관은 절대적으로 필요한 것이어서, 유기체는 신경중추의 영양공급을 위해 조달할 수 있는 모든 물질의 도움을 받아야만 하며, 신체의 모든 부분에서(그러므로 눈에도 마찬가지로) 혈액순환은 바로 이런 가장 중요한 목표에 수반되어야만 한다.

이런 방식으로 강하게 흥분하면 동공이 과도하게 확장됨에도 불구하고 홍채의 혈관은 수축하며, 비록 이런 망막 혈관의 수축이 명확한 시각에는 방해가 되지만 눈의 안쪽에는 피가 점점 부족해진다는 사실을 설명할 수 있을 것으로 보인다.

우리는 종종 사람들이 깜짝 놀라며 '갑자기 눈이 먼 것처럼 아무것도 볼 수 없었어.'라고 말하는 것을 듣곤 한다.

다윈은 머릿속에 어려운 일들이 생각날 때마다 찡그린 얼굴이 나타나는 데에는 두 가지의 뚜렷한 원인이 있다고 주장한다. 그 중 한 가지는 앞에서 언급했던 것으로 스펜서가 제시했던 것과 매우 유사하다. 다른 한 가지는 이렇게 설명한다.

"유아기의 초기에 나타나는 거의 유일한 표정은 크게 울음을 터뜨릴 때 밖으로 드러난다. 요란한 울음은 일정 기간 동안 감각과 감정을 괴롭히거나 불쾌하게 만드는 배고픔, 고통, 분노, 질투, 두려움 등에 의해 촉발된다. 그럴 때는 눈 주변의 근육들이 강하게 수축된다. 나는 이것이 우리의 나머지 일생 동안 얼굴을 찌푸리게 되는 행위의 대부분을 설명해준다고 믿는다."

이 설명이 내게는 그리 만족스럽지 않다. 이 문제에 대한 논의를 훨씬 후퇴시켰을 뿐이기 때문이다. 우리는 여전히 이렇게 물어보아야만 한다. '어린이는 왜 울음을 터뜨릴 때 얼굴을 찡그릴까?' 게다가 갓 태어난 아기들은 단 한 방울의 눈물을 흘리기도 전에 이미 얼굴을 찌푸린다는 것을 떠올려보면, 다윈의 가설이 옳지 않다는 것을 쉽게 알 수 있다.

다음은 이런 현상에 대해 나의 설명이다.

어떤 물체를 집중해서 바라볼 때 우리는 눈의 내외부에 있는 모든 근육들을 수축시켜야 한다. 이것은 눈의 안쪽에 있는 렌즈의 굴곡을 변형시켜 조절하기 위해 반드시 필요하다. 다시 말해 망원경의 관을 늘이거나 줄여 렌즈를 조절하는 것처럼 거리에 따라 렌즈를 변형시키는 것이다. 우리는 가까이에 있는 물체를 관찰할 때 동공이 수축되어야 한다는 것은 이미 알고 있다. 동공을 수축하지 않으면 시선을 코로 향하게 할 수는 없다.

눈의 외부 근육이 만들어내는 가장 중요한 움직임은 집중하는 물체에 시선을 집중시키는 것이다. 그러므로 우리가 멍한 상태에 있거나 먼 곳을 주시할 때 두 눈은 같은 방향을 향하지만, 가까이에 있는 물체에 집중할 때는 한 점에 모이는 것이다. 이런 움직임들은 모두 단일한 신경에 의해 이루어진다. 우리가 눈을 움직일 때 눈꺼풀과 이마의 무의식적인 움직임에서 볼 수 있듯이 이 신경과 얼굴 신경 사이에는 일정한 교감이 있다. 반대로 눈꺼풀을 닫을 때 우리는 아무런 의도 없이 안구를 움직이게 된다. 이것은 직접 확인해볼 수 있다. 한쪽 눈을 손가락으로 가리고 다른 쪽 눈꺼풀을 닫으려 하면, 손가락 밑에 있는 안구가 즉시 아래쪽으로 회전하는 것을 느낄 수 있다.

눈의 근육은 우리가 전력을 다하고 있을 때에도 수축한다. 예를 들어 밤에 먼 곳에서 비추는 작은 불빛을 보려 할 때 눈은 무의식적으로 집중하여 그 불빛을 두 배로 크게 보이도록 한다.

육체적으로 전력을 다하고 있는 사람들을 촬영한 적이 있었는데, 고통을 받고 있는 사람과 똑같은 모습을 보여주는 사람들이 많았다. 전혀 필요 없는 것이었지만 앞이마 근육의 수축이 가장 뚜렷하게 나타났다.

우리 몸은 신경계의 에너지를 다양한 방향으로 특정한 근육들에 한정하지 않고 널리 영향을 끼지도록 준비되어 있다. 그러므로 귀를 움직이려 하면 입 꼬리를 올리는 근육들도 수축된다. 만약 누군가에게 눈을 감으라고 말하면 얼굴 근육을 움직이면서 무의식적으로 얼굴을 찡그리는 것을 보게 된다. 또한, 한쪽 눈을 오른쪽으로 다른 쪽 눈을 왼쪽으로 움직일 수는 없다. 눈꺼풀을 올리지 않고서 눈동자를 위쪽으로 향하거나 눈썹을 따로따로 움직일 수 있는 사람도 거의 없다.

이런 모든 일은 의지에 따른 행위를 특정한 근육으로만 이끄는 신경의 근육섬유에 국한하기 어렵기 때문에 일어난다. 독립적으로 움직일 수 있도록 근육섬유들을 식별하고 선택하는 연습을 충분히 하지 않는 한 근육섬유들은 동시에 활동하게 되는 것으로 보인다.

어떤 대상을 주의 깊게 바라볼 때 동물들은 귀를 그쪽 방향으로 돌린다. 소리를 모으기 위한 이런 움직임은 앞이마와 귓바퀴를 돌리는 근육의 수축이 먼저 일어나야만 한다. 비록 집중하면서도 더 이상 귀는 움직이지 않고 앞이마의 근육만 움직이기는 하지만, 이런 움직임은 인간들에게도 보존되어 있는 것이 틀림없는 것 같다.

우리의 본성에서 심리적인 과정은 외부로 드러내는 표현과 매우 밀접하게 연결되어 있다. 그래서 근육 내에서 일어나는 신경의 활동이 밖으로 드러나지 않도록 하는 것은 불가능하다. 외부로 전달할 필요가 전혀 없을 때일지라도 생각이 떠오를 때마다 이런 움직임들이 일어난다. 그러므로 생각에 몰두해 있는 사람은 무의식적인 몸짓을 외부로 드러내며, 가끔은 생각을 전달할 사람이 곁에 없어도 혼잣말을 한다.

그래서 우발적인 사건이나 생각의 흐름을 방해하는 장애물이 나타날 때마다 집중할 때의 특징적인 움직임을 앞이마와 눈에 나타내게 되는 것이다. 우리는 엄청나게 집중할 필요가 있는 작업을 시작하자마자 무의식적으로 앞이마와 눈의 메커니즘을 작동시키곤 한다.

4

우리는 모두 어떤 것을 집중해서 바라볼 때 다른 대상들은 모두 흐릿해진다는 것을 알고 있다. 우리들의 눈에는 시각이 최대한으로 날카로워지는 오직 하나의 지점만이 있기 때문이다. '중심와(中心窩)'라 불리는 이 지점은 지름이 10분의 2mm 정도인 깔대기처럼 생겼다. 만약 어떤 이미지가 중심와로부터 겨우 몇 mm의 거리에 떨어져 있다면 눈은 정확하게 그 색깔을 구별할 수 없게 된다. 빨강색과 녹색은 흐릿한 황색처럼, 보라색은 파란색처럼 보이게 된다. 약간 더 가까워지면 황색과 파란색은 완전히 사라져 명암만이 감지된다.

이러한 해부학적 성질은 대상의 이미지와 색깔을 상세하게 살펴보기를 원한다면 눈을 움직여 그 대상의 전체적인 부분을 인식하도록 정해져 있다. 이런 이유로 눈보다 더 정밀한 움직임을 나타내는 기관은 없다.

만약 거울로 눈을 살펴보면서 머리를 위와 아래, 오른쪽과 왼쪽으로 움직이면 놀랍게도 눈은 고정되어 정지해 있는 것을 보게 된다. 집중해서 보고 싶은 어느 한 지점에 고정되는 눈의 정확성을 알아보기 위해 독자들도 이 실험을 반복해보기를 권한다. 미지의 형체를 관찰하면서 자신을 지킬 준비를 하거나 닥쳐온 위험에서 벗어나기 위해 머리에서 발끝까지 살펴보게 되는 것은 눈의 구조에서 비롯된 필연적인 결과이다.

어떤 대상이 눈을 움직여 파악할 수 없을 만큼 크다면 우리는 머리를 돌리거나 몸통을 오른쪽이나 왼쪽으로 움직이게 된다. 그래도 파악이 되지 않는다면 몸 전체를 움직인다.

배우들은 어떤 대상을 집중적으로 관찰하는 사람이 드러내는 특징적인 태도를 과장해서 보여주는 것으로 두려움을 표현한다. 이런 움직임들은 지극히 자연스러워서 우리의 한쪽 옆에 있는 대상을 바라볼 때 머리와 몸을 정지시키려는 노력은 하지 않게 된다.

5

기계의 각 부분을 연구하는 사람이라면 누구나 그 기계의 움직임이 보여주는 정확성을 파악할 수 있다. 기계의 구조가 각각의 기능을 보여주기 때문이다. 그러므로 죽은 유기체는 생리학자의 관찰과 연구에 있어 살아 있는 유기체만큼이나 중요하다.

두개골을 열어 뇌에서 출발한 세 개의 신경이 눈으로 연결되고, 무게가 평균 7g인 이 작은 구체에 여섯 개의 근육이 붙어 있다는 것을 볼 때, 아마 이와 동일한 다양성과 독립성 그리고 민첩성을 지닌 기관은 전혀 없을 것이라고 즉시 결론을 내릴 수도 있을 것이다.

실제로 눈은 근육의 복잡성과 신경의 수와 다양성에 있어 혀를 제외한 그 어떤 기관과도 비교할 수 없다. 이것이 바로 두 기관 모두가 독특한 표현 능력을 갖고 있는 이유를 설명해준다. 그리고 움직임의 무한한 변화를 통해 정신의 모든 감정을 어떻게 표현할 수 있는지도 설명해준다.

눈의 생명은 전적으로 그 움직임에 달려 있다. 눈의 움직임을 따라할 수 있도록 정교하게 제작한 유리눈을 안와(眼窩)에 놓았을 때 거의 구별할 수는 없지만, 아무런 움직임도 없으므로 표정을 무섭게 만들어 유령처럼 보이게 할 것이다.

나는 눈이 먼 채로 태어난 사람들을 대상으로 눈의 표현을 연구했다. 마치 일곱 겹의 안대로 눈을 가린 것처럼 대상의 흐릿한 그림자조차 볼 수 없고 밤과 낮을 구별할 수 없었던 이 가엾은 사람들은 악기를 연주하며 함께 행복하게 살고 있었다. 그들의 기쁨과 온화함을 표현하고 자신감과 상냥함을 느끼도록 해주는 것은 오직 눈의 움직임이었다.

마지막으로 우리들을 바라보던 죽어가던 친구의 눈은 무척 감동적이었으며, 여전히 희망과 포부로 가득 차 있으면서 사라져가는 존재의 모든 슬픔을 반영하는 것처럼 보였다. 그 눈은 아주 오랜 시간 동안 변하지 않았지만, 다시 돌아와 그 친구의 싸늘한 모습을 보고 마지막 작별인사를 할 때, 사자의 응시하는 눈은 당신을 문가에 잡아두게 된다. 그 속에서 고통의 번민, 압도적인 불행의 공포를 읽게 된다.

또한 눈동자에는 거의 알려져 있지 않은 생생한 표현들이 있다. 차분한 개의 눈에서 눈동자가 어떻게 모든 감정에 따라 팽창하고 수축하는지를 살펴보는 것은 매우 흥미진진하다. 가까이에 있거나 멀리 있는 대상을 바라보는 것에서 감정이 일어나지는 않는다. 홍채는 혈관처럼 사소한 모든 감정들을 반영한다. 우리는 그 감정의 언어에 나타나는 미묘한 차이들을 알지 못한다. 열정의 표현에 동반되는 육체적인 사실들에 대한 분석이 아직은 충분히 세밀하고 정확하지 않기 때문이다. 두려움의 특징이라 할 최대한으로 확장된 눈동자 그리고 잠이나 완벽한 평온과 피로에 있을 때 일어나는 최대한의 수축은 전체적으로 열정이 드러나는 일련의 중간적인 움직임들이다.

눈을 면밀하게 살펴보지 않고서는 모르고 지나치는 눈동자의 직경에 나타나는 작은 변화들이 있지만 아주 많은 사람들을 주의 깊게 관찰했던 나는 눈동자의 움직임에서 열정의 효과들을 읽을 수 있다고 확신하게 되었다. 홍채의 가장자리가 점점 좁아지고 눈의 중심부가 더욱 검게 되고 커지면, 우리가 강한 감정에 의해 흥분되었다는 신호다. 시인들이 말하듯이 눈은 영혼의 창이므로 눈을 통해 감정의 깊이를 알 수 있기 때문에 그것을 감추려는 것은 쓸데없는 일일 것이다.

Chapter 11

고통의 인상학

1

레오나르도 다빈치는 회화에 관한 유명한 논문에서 웃음과 울음의 차이에 대해 이렇게 말한다.

"웃고 있는 사람과 울고 있는 사람의 눈과 입 그리고 뺨은 아무런 차이도 없다. 울 때는 수축하지만 웃고 있을 때는 위쪽으로 끌어올려지는 눈썹의 위치에 따라 서로 구별될 뿐이다. 우는 사람은 눈썹들을 안쪽 구석으로 올리고 끌어당겨 그 위의 피부를 주름지게 하고 입의 양쪽 구석을 아래쪽으로 내리지만, 웃고 있는 사람은 입의 양쪽 구석을 위로 올리고 수축되지 않은 툭 트인 이마를 보여준다."

다빈치는 이렇게 웃는 얼굴과 우는 얼굴에 나타나는 특징적인 표정을 보여주었지만 생리학자는 이 예술가를 만족시켰던 것만으로는 만족하지 못한다. 그러므로 그 현상의 원인과 기원을 찾으려 노력하고, 웃음과 울음, 기쁨과 고통의 표현에서 차이점과 유사점이 나타나는 이유를 분석한다.

허버트 스펜서와 찰스 다윈의 인간의 본성에 대한 연구 이후로 급속한 발달이 이루어지면서 수많은 철학책과 과학책들이 한꺼번에 진부한 것이 되어버렸다. 지금 그 책들을 넘기다보면 마치 수천 년 전에 무너진 폐허의 잔재를 더듬고 있는 것만 같다.

자연에 대한 연구는 현재의 우리보다 오래된 학파의 유심론자나 철학자에게는 훨씬 더 수월한 일이었다. 그들은 별다른 어려움 없이 스스로를 만족시킬 만한 이유를 찾을 수 있었으며, 그들의 믿음 속에는 우리가 만물의 원인에 대해 깊게 파고들수록 마주치게 되는 불확실성과 의문들을 피해 몸을 숨길 튼튼한 성채가 있기 때문이었다.

뒤셴 드불로뉴(Duchenne de Boulogne 1806~1875: 프랑스의 신경병학자)는 1862년에 발행한 책에서도 여전히 얼굴 근육은 영혼을 표현하기 위해 창조된 것이라고 주장하고 있다.

그의 견해에 따르면 모든 격정은 정신적인 느낌을 표현하기 위해 마음대로 움직일 수 있는 특별한 근육이 있다고 한다. 자비심, 즐거움, 웃음, 슬픔, 관심, 반성, 음탕함, 풍자, 경멸, 놀람, 사나움, 고통, 울음은 각각 특별한 감정을 나타낼 특권을 가진 근육을 통해 인간의 표정에 나타난다는 것이다.

뒤쉔 드불로뉴가 자신의 이론을 지나치게 확장시켰던 것은 분명하다. 그는 정신적 기능을 지나치게 인위적으로 분류했다. 명확하거나 정의를 내릴 수조차 없는 사실과 현상에 근거한 추상개념으로부터 이끌어냈던 것이다.

그의 글 속에는 사실들의 진정한 기원을 꿰뚫어본 통찰이 전혀 없으며, 단지 자신의 상상력과 수사법에 도취되어 있었다. 당시에 미래의 과학이며 개혁적인 사회학설이라 불리던 그의 골상학은 현재 열렬한 추종자들의 기대에도 불구하고 까맣게 잊혀져버렸다.

2

다윈은 원리들을 정리하면서 감정의 표현은 다음과 같은 세 가지에 좌우된다고 했다.

1. 실용적인 것과 관련된 습관들
2. 대조를 이루는 것
3. 최초의 의지 그리고 일정한 범주의 습관과 관계없이 신경계의 구조에서 비롯된 행위들

다윈에 따르면 고통의 표현은 근본적으로 첫 번째와 세 번째 원리에 좌우된다. 실제로 그는 무수한 세대를 이어온 모든 동물들에게 극심한 고통이 가장 극단적이며 다양한 움직임을 만들어냈다고

추정한다.

가슴과 발성기관의 근육은 지극히 습관적으로 사용되므로 현저하게 더 많이 활용하게 되면서 동물들은 소리를 내고 짖고 비명소리를 내기 시작했다. 다윈은 어린 새끼들과 집단생활을 하는 동물들에게는 목소리가 특히 유용하다고 믿었다. 위험이 닥쳤을 때, 울음소리는 부모를 부르거나 다른 동물들에게 경고를 보내는 역할을 한다.

다윈에 따르면 얼굴 근육의 움직임은 신경계의 구성에 좌우된다. 하지만 우리는 다윈이 이 생각을 허버트 스펜서로부터 차용했다는 것에 주목해야 한다.

다윈은 이렇게 밝힌다.

"허버트 스펜서 씨가 말했듯이 '어떤 순간에 불가사의한 방식으로 우리들 내부에서 감정이라는 상태를 일으키는 자유로운 신경의 힘은 반드시 일정한 방향으로 소모되어야만 하며, 어느 곳에서든 그 힘에 상응하는 표현을 일으켜야만 한다는 것은 확실한 진실'로서 인정해야 한다. 그러므로 중추 신경계가 강렬하게 흥분하고 신경의 힘이 지나치게 작용하면 강한 흥분과 의욕적인 생각, 과격한 움직임으로 소비되거나 분비선의 활동이 늘어나게 된다.

더 나아가 스펜서 씨는 '뚜렷한 목표 없이 넘쳐흐르는 신경의 힘은 명백하게 가장 습관적인 경로를 선택한다. 만약 이것으로 만족시키지 못한다면 그 다음에는 덜 습관적인 경로로 넘쳐흐른다.'고 주장한다. 그 결과로 가장 많이 사용되는 얼굴과 호흡기의 근육이 제일 먼저 활동을 하게 될 것이다. 그 후에는 상체, 그 다음으로는 하체 그리고 마지막으로 전신의 근육이 활동하게 될 것이다.”

이 이론의 단순함은 매력적이지만 사실과 전혀 다르다는 것은 간단한 검사만으로도 확인할 수 있다. 신경의 힘이 선택하는 가장 습관적인 통로를 찾아내 순서대로 작성한 후 열정을 표현하는 움직임과 대조해본다면 완벽하게 일치하지 않는다는 것을 확인하게 될 것이다.

어쩌면 이런 이유 때문에 스펜서는 다른 근육들에 비해 쉽게 수축하는 근육들을 설명하기 위해 저항이 적은 신경선이라는 생각을 도입했을 것이다. 스펜서는 ‘그 어떤 자극이나 신경중추에도 자유로운 분자운동은 신경계를 관통해 최소한의 저항이 있는 선을 따라 흐르려는 경향이 있다.’고 했다.

이렇게 해서 이 문제의 해결은 실험 생리학의 영역으로 넘어왔다. 이제 문제는 가장 일반적으로 사용하는 근육들에 실제로 저항이 적은 신경들이 있는지의 여부이다.

스펜서와 다윈은 자신들의 설명에 대해 아무런 증거도 제시하지 않았다. 그래서 이 위대한 철학자들의 직관이 옳은지의 여부를 실험으로 확인하는 일은 생리학자들에게 맡겨졌다. 언제나 그렇듯이 다윈은 매우 신중했으며 일반적인 원리들을 다룬 제3장에서 위의 이론을 언급한 후, "현재의 주제는 대단히 모호하지만, 그 중요성에 비추어 약간 짧게 논의되었으며, 우리들의 무지를 명확하게 인식하는 것은 언제나 타당하다."라고 했다.

3

나는 스펜서가 추측했던 것처럼 실제로 얼굴의 근육을 움직이는 다양한 신경 필라멘트들 사이의 전도성에 차이가 있는지, 그리고 안면신경이라 불리는 하나의 다발로 결합되어 있는지를 알기 위해 몇 가지 실험을 진행했다.

나는 두개골과 가장 쉽게 분리되는 귀 근처의 출발점에서 이 신경을 자극했다. 전류로 신경을 자극하는 과정을 설명할 필요는 없을 것이다. 지난 세기에 갈바니는 금속 두 개를 접촉시켜 발생하는 전류를 이용해 근육의 수축을 일으켰다.

신경을 자극하는데 활용된 기구는 뒤 부아레몽(Du Bois-Reymond 1818~1896: 독일의 생리학자) 교수의 발명품이다. 이 기구의 가장 큰 장점은 전기 자극의 강도를 늘이거나 줄이기에 수월하다는 것이다.

수면제로 개를 깊은 잠에 빠져들게 한 후 나는 아주 약한 전류를 이용해 얼굴의 근육을 움직이는 신경을 자극해보았다. 처음에는 전류가 너무 약해서 아무 효과도 나타나지 않았지만 전류를 늘리자 목의 피부 근육에 약간의 수축이 나타났으며 입꼬리에 작은 움직임이 있었다.

여기에서 이른바 웃음 근육이라 불리는 것들 중에서도 목의 피부 밑에 위치한 근육들과 그 밖의 안면근육들을 설명하는 것이 유익할 수도 있겠지만, 이 실험에 대한 이야기가 끊어지지 않도록 다음 장이 시작될 때까지 미루어놓기로 하자.

입의 미세한 움직임이 나타날 때 전류의 강도는 400 단위에 해당한다. 전류가 늘어나면 입술의 움직임은 더 뚜렷해지며 '안면'전기 자극의 강도가 700에 이르면 눈꺼풀의 둥근 근육에 수축이 일어나 눈을 감게 된다. 750의 강도에서는 윗입술을 올리는 근육이 수축한다. 820에서는 콧구멍이 팽창하고 올라간다. 950에서는 입술의 수축이 매우 명확해져 개는 이빨을 드러내고 얼굴에는 공격적인 표정이 나타난다. 1,250이 되면 고통이나 혐오를 느낄 때처럼 입의 양쪽 구석이 처지게 된다. 1,500에서는 이런 표정이 점점 더 강해지며 눈은 강제적으로 감긴다. 만약 자극이 줄곧 더 심해지면 얼굴에는 공격을 준비하는 사나운 표정이 나타난다.

죽은 직후의 동물에서도 똑같은 결과를 얻게 되었다.

이러한 실험들은 허버트 스펜서의 가설이 옳다는 것을 입증한다. 하지만 이 문제가 대단히 복잡하다는 것을 알아야 하며 얼굴의 표정에서 그에 못지않게 중요한 다른 요인들도 고려해 보아야만 한다.

4

얼굴의 근육에는 뒤셴 드불로뉴가 생각했던 것처럼 영혼의 열정을 표현하는 역할이 전혀 없다. 현학적인 태도나 관습적인 판단 없이 솔직하게 말하자면, 얼굴의 가장 중요한 특징은 입이며 입은 소화관에 부속되어 있는 살로 이루어진 깔대기라는 것을 인정해야 한다. 때로는 얼굴의 역할이 최소한으로 축소되어 있는 물고기와 파충류 그리고 조류의 경우처럼 단지 먹잇감을 잡거나 음식물을 위장으로 보내기 전에 받아들이는 역할을 할 뿐이다. 음식물을 자르고 분쇄하기 위해 이빨이 등장하면서 저작기관은 점점 복잡해졌으며 빨아들이고, 마시기 위해 입술이 등장하면서 얼굴의 구조 또한 한층 더 복잡해졌다.

해부학자들은 감정 표현에 매우 중요한 얼굴의 근육들이 하등동물에서는 전혀 다른 목적을 수행하던 근육들이었다는 것을 발견했다.

위험이 닥쳐오면 고슴도치는 몸을 둥글게 말아 뻣뻣한 털로 덮여 있는 공 같은 모양이 된다. 이런 움직임은 몸 전체를 덮고 있는 껍질 아래의 근육을 이용해 실행하며, 끈을 당기면 오므라드는 자루와 비슷한 방식으로 수축한다. 이와 비슷하게 몸을 덮고 있는 정교한 근육층이 있는 동물들도 많다. 예를 들어, 두더쥐는 이런 근육 체계가 잘 발달되어 있다. 가축들 중에서는 비록 피부의 근육층이 그다지 빽빽하지는 않지만 행동을 시작할 때 눈에 뜨일 정도로 충분히 발달되어 있는 개와 고양이를 들 수 있을 것이다.

개와 말은 가죽을 갑자기 씰룩거려 파리를 쫓는다. 이 움직임은 이러한 근육들 중의 한 가지를 급히 수축시켜 일어난다. 이것이 사실은 이 근육들의 역할이 아니라는 것은 쉽게 입증되었다. 새와 물고기와 파충류에게는 이런 근육이 잘 발달되어 있지만 이런 식으로 파리를 쫓을 필요는 없기 때문이다.

모든 고등동물들에게는 하등동물들과 유사하다는 것을 알려주는 흔적기관들이 있다. 때로는 사용하지 않게 되면서 퇴화하고, 때로는 여전히 있지만 전혀 다른 역할을 수행하는 이 흔적기관들은 언제나 원래의 것보다 훨씬 덜 유용하다. 그래서 우리보다 먼저 지구상에 살았던 동물들로부터 여러 세대에 걸쳐 전해진 유전형질과 흔적으로서 인간의 피부 밑에는 여전히 피부 근육들이 있다.

하지만 이런 근육들의 수축이 실제로는 더 이상 사용되지 않는다. 흥분한 신경의 힘이 중추로부터 말초를 향해 퍼져나갈 때, 이런 근육들은 피부 내에서 더 쉽게 보이게 되지만 생존경쟁과 생명의 보존에서 효과적인 목표를 수행하지는 못한다. 예를 들어, 개와 고양이는 강하게 흥분하면 이런 근육들이 수축하여 등 위의 털을 세워 공격이나 방어, 두려움이나 고통의 특징적인 표현을 나타낸다.

반면에, 인간은 입술 근처의 피부 밑으로 뻗어 있는 근육의 강력한 수축이 어린이가 울거나 눈물을 참으려 할 때와 같은 특징적인 표정을 입에 나타나게 한다. 뒤셴 드불로뉴는 이런 근육의 기능을 연구했으며 전류로 자극했을 때 공포에 빠져 있는 사람처럼 입을 벌리게 된다는 것을 밝혀냈다.

고릴라와 침팬지의 안면근육에 대한 엘러스(Ehlers)의 관찰에서 이 동물들이 인간과 똑같은 근육을 갖고 있다는 것을 알게 되었다. 엘러스는 이러한 동물들의 얼굴에 있는 단일한 근육다발이 인간에 비해 덜 두껍고 촘촘하다는 몇몇 저자들의 설명은 사실이 아니라고 주장했다. 오직 이마의 주름살만이 덜 발달했으며 눈 주변의 근육들은 물론 콧구멍과 입술에 분포된 근육들은 더욱 잘 발달되어 있다고 했다.

인간만이 울고 웃는다는 것은 사실이 아니다. 신경계의 변화를 가장 먼저 드러내는 표정은 예민하고 충직한 개의 얼굴을 세심하게 관찰하면 알 수 있다. 예를 들어, 주인을 만났을 때 즐거운 감정에 싸여 이빨을 드러내면서 입술을 올리고, 어루만져 달라는 태도로 머리를 숙이고, 호흡의 리듬이 변하고 두 눈은 반짝거린다.

해부학적 구조와 기관들의 커다란 차이에도 불구하고 개에게는 여전히 인간이 표정을 지을 때 사용하는 무의식적인 근육 운동의 흔적이 남아 있다. 인간은 근육의 작은 움직임으로 입술을 구부려 미소를 짓고, 얼굴 전체에 자비심을 드러낸다.

다윈은 원숭이들이 웃는 방식을 다룬 흥미로운 글들을 많이 남겼다. 험볼트는 두려움에 휩싸여 눈물로 가득 차 있는 원숭이의 눈을 관찰했으며, 브레엠은 고통으로 울던 물개들과 학대를 받으며 인간만큼이나 눈물을 많이 흘리던 어린 코끼리들의 이야기를 들려준다.

5

감정 상태가 반영된 변화들이 얼굴의 근육에 그처럼 쉽게 일어나는 이유는 수없이 많다. 신경중추에 가깝다는 것 외에도, 얼굴 근육에는 대부분 길항근이 없다는 해부학적인 사실이 있다. 예를 들어, 우리는 손을 벌리고 손가락을 펼치게 하는 근육들의 미세한 수축은 손가락을 굽히고 오므리는 굴근에 의해 방해받는다는 것을 알고 있다.

얼굴에서는 대부분의 근육이 자유롭게 활동할 수 있으며, 그래서 사소한 신경의 충격에도 신체의 다른 근육들보다 훨씬 더 강한 효과를 일으킨다.

또한 얼굴 근육은 예민하며, 몸의 다른 부위에 있는 근육보다 부피도 적다. 근육의 부피는 수축에 커다란 영향을 끼친다. 확실한 증거는 심장이다. 심장에서는 생명이 멈추면 두껍고 단단한 근육으로 형성된 심실(心室)의 작동은 거의 즉각적으로 정지한다. 반면에 뛰어난 근육으로 형성된 심이(心耳)는 다른 모든 부위들이 죽음으로 굳어버린 후에도 몇 시간 동안 운동을 계속한다.

뇌 속에 있는 안면신경의 기원에서 가장 중요한 해부학적 사실이 발견되었다. 다른 모든 신경들은 대단히 복잡한 경로가 있으며, 뇌회(腦回)를 구성하고 있는 다른 세포들 그리고 신경 필라멘트들과 연결되어 있지만, 오직 안면신경만이 뇌의 중심부로부터 직접 명령을 받으며 그 명령을 가장 짧은 경로를 통해 말초신경으로 전달한다.

안면신경은 전신선처럼 메시지를 수신자에게 직접 보내지만 다른 신경들은 메시지를 하나의 위치에서 다른 위치로 연속적으로 보내게 되므로 뇌로부터 근육 속의 수신자까지 빠르게 전달되지 못한다.

근육의 수축을 일으키는 명령들을 내보내는 뇌의 부분에 대한 조사와 뇌의 깊은 부분에서 활동하면서 표정을 만들어내는 세포들에 대한 정확하고 미시적인 검사는 새롭고도 중요한 연구이다.

미국의 해부학자인 에드워드 스피즈카(Edward Spitzka 1852~1914)는 안면신경은 해부학적인 용어로 신경핵(nuclei)이라 불리는 두 개의 신경세포 덩어리에서 시작된다는 것을 발견했다.

아래쪽 신경핵은 호흡운동과 감정의 표현을 관장하는 세포들이며 위쪽 신경핵은 공 모양의 눈 근육을 관리한다. 위쪽 신경핵이 동물학적으로 서로 다른 동물들을 연구할 때 아주 적은 변화를 나타낸다. 반면에 안면신경의 아래쪽 신경핵은 얼굴의 다른 근육들의 발달에 따라 상당히 변화한다.

예를 들어, 파충류의 경우 눈으로 향하는 안면신경의 신경핵은 잘 발달되어 있지만, 아래쪽 신경핵은 퇴화하는 상태에 있다. 파충류처럼 얼굴에 표정을 나타내는 근육이 전혀 없는 새들의 경우 아래쪽 신경핵을 구성하는 이런 세포 덩어리가 전혀 없다. 이와는 반대로 코끼리의 경우 아래쪽 신경핵이 잘 발달되어 있다. 코는 활동을 위한 신경세포와 신경의 특별한 집단이 필요한 복잡한 기관이기 때문이다.

안면신경의 아래쪽 신경핵은 원숭이와 인간에게 가장 잘 발달되어 있다. 스피즈카의 연구는 뇌의 바로 이 지점과 안면신경의 아래쪽 기원에 있는 신경세포들이 실제로 표정을 만들어낸다는 것을 보여준다.

이 글을 쓰고 있는 내 앞에는 안면신경의 신경핵을 보여주는 뇌의 아주 가느다란 절단면이 있다. 이것은 작은 핀의 머리 정도 크기인 회색의 점으로 약간 방추형이며 부피는 약 2mm^3이다.

이것을 현미경으로 살펴보면 단지 직경이 약 100분의 5mm인 세포들이 축적되어 있고, 섬세한 지류들이 서로 뒤엉켜 있는 것만을 볼 수 있다.

눈으로는 이 필라멘트와 세포들의 뒤엉킨 네트워크를 통과하는 경로를 찾을 수 없었다. 미로에 빠져 있는 것처럼 상상력은 길을 잃어버렸고, 뇌의 가장 고귀한 부분의 사체를 관찰하고 있다는 생각에 겸손해지면서 거의 두려운 마음을 갖게 되었다.

이러한 세포들의 활동이 가장 강력한 감정들을 일으킨다. 인간에 대한 우리들의 지식, 공감, 무관심, 의심은 이 세포들이 얼굴의 세포에 전달하는 움직임에 의해 유발된다. 우리의 표정을 미소로 밝게 빛나게 하는 우정, 애정 그리고 인생의 가장 신성한 기쁨들은 이 세포들에서 비롯된다. 너무 미세해서 단순한 접촉만으로도 무심코 분쇄할 수 있는 뇌의 이 부분이 생명을 그려내는 것이다.

6

고통을 겪는 인간의 얼굴에 나타나는 변화에 대한 연구에서 가장 큰 어려움은 두 가지가 있다.

첫 번째는 너무나도 변하기 쉬워 우리의 눈이 파악할 수도 이해할 수도 없을 정도로 근육의 움직임이 급속하고 불안정하다는 것이다. 두 번째는 고통을 보면 불안해지고 영향을 받는 정신의 특성에 있다. 붉은 피나 불행을 겪는 인간의 모습에 익숙해져 무디어진 사람일지라도 민감한 몸에 거칠게 고통을 가하는 끔찍한 그림에는 마음이 흔들린다.

인간의 고통은 다른 과학적인 호기심들이 모두 사소하고 우스꽝스럽게 보일 정도로 중요하다. 우리의 정신은 고통 받고 있는 자의 고통을 줄여주지 않으려는 모든 이기적인 욕망과 동정심이 없는 모든 행위들에 반감과 혐오감을 품는다.

이런 이유로 나는 즉석사진을 활용해 얼굴의 표정을 연구했다. 첫 번째 실험에서는 친구들과 나 자신을 대상으로 실시했다. 단단하게 조여진 다섯 개의 나뭇조각 사이로 손가락을 끼워 넣는 것으로 고통을 일으켰다.

고통은 참을 수 없을 정도가 되었지만 얼굴의 표정은 고통을 겪는 사람에게서 익히 보았던 것에 비해 특징이 없었다. 의도적으로 유발된 고통에는 일반적으로 반사작용을 억누르려는 의지가 개입된다. 하지만 마음의 동요, 발작, 공포, 실신은 오직 실제로 고통받는 사람을 통해서만 연구될 수 있다. 그래서 나는 실험실을 떠나 병원에서 연구를 계속했다.

이 연구를 하는 동안 튜린의 동료들로부터 많은 도움을 받았다. 그들은 외과수술을 받는 환자들이 알아차리지 못하는 위치에 카메라를 설치하고 사진을 촬영할 수 있게 허락해주었다.

내가 이 목적을 위해 만든 그 기계는 전기장치를 통해 순간적으로 열리고 닫혔다. 나는 수술이 진행되는 동안 환자 곁에 서 있을 수 있었으며 정해진 순간에 버튼을 누르는 것으로 몇 걸음 떨어진 곳에 있는 카메라로 환자의 사진을 얻을 수 있었다.

이런 방식으로 나는 고통의 사진첩을 만들었다. 슬프고도 끔찍한 이 책에서 사진 두 장을 가져와 실었다.

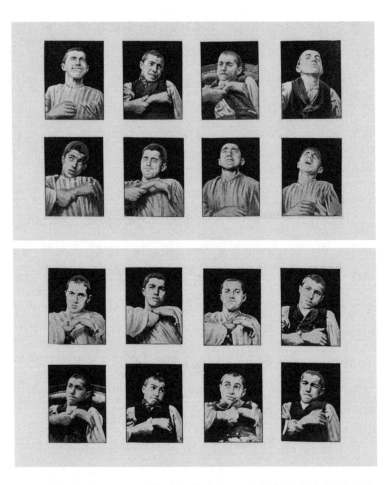

 도판의 사진들은 튜린의 마우리치아노 병원에서 촬영한 것이다.
팔꿈치에 부상을 입었지만 잘못된 치료로 관절이 직각으로 굳어버
린 18세의 소년의 모습이다. 소년이 튜린에 왔을 때, 관절이 움직
일 수 있도록 매일 팔을 움직이고 잡아당기는 치료를 시작했다. 나

는 몇 주 동안 외과의사가 강제적으로 팔을 펼 때마다 극심하게 고통스러워하는 모습을 매일 두 번씩 촬영했다.

나는 이 사진들을 묘사하지 않을 것이다. 그 어떤 말로도 인간의 얼굴에 시시각각 나타나는 그 고통을 표현할 수 없다는 것을 분명히 알고 있기 때문이다. 내게 재능이 있고, 위대한 작가의 필력이 있다 해도 설명하지 않을 것이다. 그 모든 표현이 현실과 마주하게 되었을 때는 쓸모없고 모호하다는 것을 알기 때문이다. 위대한 화가나 조각가일지라도 제대로 표현하지 못할 현실을 가장 잘 보여줄 수 있는 것은 즉석사진이다.

7

고통의 표정은 나이에 따라 변화한다. 어린이와 청년, 성인 그리고 노인의 표정은 제각각이다. 의지가 강하거나 나약한 성격 또한 그 표정에 커다란 영향을 끼친다.

마취제를 거부하는 사람들의 수술에 참여하면서 사람마다 행동의 차이가 상당히 크다는 것을 알게 되었다.

마취를 하지 않고 방광결석 제거 수술을 견딘 어떤 늙은 장교는 두 손을 꽉 쥐고 입을 꼭 다물고 눈을 감은 채 얼굴에는 거의 감정을 드러내지 않았다. 발을 절제해야만 했던 노동자는 수술이 진행되는 동안 미간을 찌푸리며 굽은 손가락으로 이불을 가볍게 두드렸다. 이를 가는 환자들도 있었고, 두 눈을 희번덕거리는 사람들도 있었고, 숨을 헐떡거리는 사람들도 있었다. 수술이 시작되기 전에 소리를 지르는 것만 허락해준다면 가만히 누워 있겠다는 사람도 있었다.

하지만 의지가 제아무리 강하다 해도 고통이 심해졌을 때 표정을 완벽하게 억누를 수 있었던 사람은 아무도 없었다. 단지 무척이나 원기왕성한 사람들만이 얼굴의 근육을 움직이지 않고 유지하는 데 성공했을 뿐이었다.

모든 질병에는 독특한 고통의 표현이 있다. 단순히 환자를 살펴보고 신음소리를 들어보는 것만으로 어떤 기관이 병에 걸렸는지 말할 수 있는 의사들도 있다.

고통의 감각이 단순하게 나타나는 경우는 드물기 때문에 이 연구는 대단히 까다롭다. 인간의 정신 상태는 너무나도 변하기 쉽고 복잡해서 얼굴의 표정은 수많은 요인들의 결과인 셈이다.

엄마가 되기 직전의 여성이 보여주는 감동적인 모습을 생각해보는 것만으로도 충분히 이해할 수 있다. 말로는 형언할 수 없는 고통에도 불구하고, 그녀는 희망을 드러내는 미소를 지을 수 있으며 두 눈에 나타나는 엄마가 된다는 기쁨은 극심한 고통으로 주름진 얼굴을 아름답게 만든다.

_ Chapter 12 _

두려움의 특징적인 몇 가지 현상들

1

인간의 신체 조직은 화학 공정을 연구하는 사람들이 모든 통로와 모든 방 앞에 '출입금지'라는 명패를 걸어놓은 거대한 공장과 비교될 수 있다. 호기심이 왕성한 대중은 억지로라도 그곳의 출입문을 열고 들어가고 싶어 할 것이다. 인간의 솜씨로는 그 어떤 산업에서도 만들어낼 수 없을 만큼 경이로우며, 불가사의한 것들이 그곳에서 만들어지고 있다는 것을 누구나 알고 있기 때문이다.

이 공장의 일꾼들은 믿기 어려울 정도로 작아서 육안으로는 보이지 않는다. 빈틈없이 서로 기대고 있는 그들의 모습이 벌집의 봉방(蜂房)과 비슷해서 세포(cell)라는 이름을 갖게 되었다. 생명은 전적으로 이 일꾼들에 의해 유지되며, 이들의 동맹은 너무나도 완벽해서 하나의 세포를 만지면 다른 세포들이 즉시 알아차리게 된다.

이 구조물에는 약한 부분들이 있어서 쉽게 출입문을 밀고 들어가 광범위하게 파괴할 수 있다. 하지만 이러한 폭력은 우리에게 아무런 쓸모도 없는 짓이다. 건물을 부수고 들어서면 기계는 멈추게 되며, 우리를 무척이나 당황하게 만드는 무질서와 혼란이 일어나게 된다. 윙 하는 소리와 두근거리는 소리를 듣게 되고, 파이프들은 파열되고, 액체들은 흘러넘치게 되며, 펌프는 멈추고 밸브들은 열린다. 그 후에는 모든 것이 서서히 차가워지고 정지하게 된다. 이것이 우리가 죽음이라 부르는 파업이다.

생명의 비밀을 지키고 있는 이 노동자들의 활동에 나타나는 실질적인 특성을 밝히려 시도해온 역사는 과학에서 가장 아름다운 연구라고 할 수 있다. 그 역사를 읽고 있으면 평생 연구에 몰두하면서 한 가지 작은 사실을 밝혀내기 위해 경험을 축적하고 세속적인 재산과 명예를 희생하며, 한 걸음 더 나아가기 위해 가난과 고난을 마다하지 않고 가장 어렵고 가장 가혹한 희생을 치르며, 그 불가사의한 장막을 조금이라도 걷어 올리기 위해 때로는 자신들을 무시하는 사람들을 돕기 위해 그저 손을 내밀 뿐인 사람들을 향한 존경과 감사의 감정이 밀려온다.

이런 노력을 다룬 수천 권의 책이 작성되었으며, 생리적 화학작용에 관한 논문의 요약본만 읽어본 사람일지라도 인간의 정신이 지닌 능력과 극복해야 하는 거의 초인적인 엄청난 어려움들에 놀라게 된다.

그 어떤 전쟁도 이 정도의 열정과 인내로 자연에 관한 모든 문제에 접근해 그 화학작용의 비밀을 드러내기 위해 수백 년 동안 지속된 경우는 없었으며 앞으로도 없을 것이다.

사전에 어떻게 공격을 준비하고, 어떤 훌륭한 계략들을 펼쳐 진입로를 간파했는가를 확인하는 것은 놀라운 일이다. 한 걸음 더 나아갈 수 있게 되었을 때나 어둠 속에서 한줄기 빛을 찾아냈을 때 포위군들이 느꼈을 기쁨을 어떻게 표현할 수 있을까? 분자를 분해하고 분석하고 다시 만들어내고, 미지의 거대한 바위에서 작은 한 조각을 분리해내던 순간의 환희와 환호성을 누가 표현해낼 수 있을까?

아무도 이런 진군을 저지하지 못한다. 모두가 앞으로 나아갈 뿐이다. 과학계의 병사들은 살아 있는 동지들을 모아 새로운 용기로 줄기차게 백병전을 펼치고 있다.

그 어떤 것도 이 끊임없는 전쟁과 인간의 강철 같은 의지를 저지할 수는 없다. 우리는 승리에 대한 확신을 품고 이 전쟁터에서 죽어갈 것이다.

2

인간의 몸이라는 공장으로 들어가는 입구는 통제가 그다지 심하지 않아서 우리는 조금씩 전진할 수 있다. 우리는 그곳으로 들어가는 모든 것 즉, 음식이라 부르는 일정한 물질을 모두 확인할 수 있다. 입구를 구성하고 있는 입을 통해 음식물을 따라가는 것도 그리 어렵지 않게 허락받을 수 있다. 모든 물질은 식도라 불리는 긴 통로를 지나 위장이라는 크고 습하며 따뜻한 강(腔) 속으로 들어가 그곳에서 아주 미세한 펄프가 된다. 작은 도관(導管)들 속으로 흘러들어간 희끄무레한 분비액은 핏줄이라 부르는 순환하는 개울 속으로 흘러들어간다. 앞에서 이미 언급했던 혈액으로부터 모든 일꾼과 모든 세포는 자신들의 작업에 필요한 것을 빨아들인다.

하지만 이렇게 충당된 물질에 어떤 일이 일어나 소화와 합성이 이루어지는지 실제로 발견한 사람은 아직 아무도 없다.

우리는 그 공장의 원동력은 화학작용이라는 변화로 얻는다는 것을 알고 있다. 유입된 물질들의 에너지는 화학작용을 거쳐 세포들에 의해 변형되고 충당되어 근육 수축, 대뇌 활동 등을 외부로 나타내게 된다.

공장에서 실행되는 가장 중요한 화학작용은 세 가지가 있다. 첫 번째는 우리 몸에 유입된 음식물을 원형질 또는 세포물질로 변형시키는 것이며, 두 번째는 이러한 세포들에 축적된 에너지를 방출하는 것이며, 세 번째는 세포가 다 써버려 쓸모없게 된 물질들을 제거하는 것이다.

화학분석에 의해 유입된 물질들과 제거된 것들의 성분을 자세히 비교해보면, 언제나 후자의 화학적 에너지가 현저하게 줄어 있다는 것을 발견하게 된다. 이러한 사실로부터 우리는 모든 것을 움직이게 만드는 것은 음식물이며, 아무것도 공급되지 않는다면 만들어지는 것도 전혀 없다는 사실을 알게 된다.

건물의 외벽은 종종 방울방울 떨어져 내리는 땀이라 불리는 액체로 축축해진다. 생리학자들은 털구멍이라는 수많은 통풍 구멍으로 빠져나가는 공기를 모으기 위해 가장 값비싼 기구를 만들었다. 사소한 모든 것들을 연구하고 신중하게 분석했지만, 이처럼 정교하고 무척이나 복잡한 생명작용들이 결국에는 너무나도 단순한 결과로 나타난다는 것에 모두가 깜짝 놀라야 했다.

우리의 몸은 그저 탄산(炭酸)과 요소(尿素) 그리고 약간의 소금을 만들어낼 뿐이었다.

3

이 주제를 보다 더 폭넓게 다루어본다면 우리는 두려움에 수반되는 일정한 현상들의 의미를 이해할 수 있게 될 것이다.

몸에서 쓸모없게 된 물질들은 피부를 통해 쉽게 제거된다. 그러므로 피부는 가장 중요한 기능들 중의 한 가지이며 신장(腎臟)의 특별한 역할인 체내의 정화에 협력한다.

우리는 모두 피부가 붉은색일 때 일반적으로 땀을 흘린다는 것을 알아차린다. 하지만 두려움을 느낄 때처럼 비록 창백해지고 떨고 있지만 땀을 흘리는 것과 같은 예외적인 경우들이 있다. 식은땀과 피부가 따뜻할 때 흘리는 땀은 어떻게 발생하는 것일까?

여기에서 클로드 베르나르의 실험을 소개한다. 말의 목에서 교감신경의 필라멘트를 절단한 직후에 그는 말이 움직이지도 않았는데 머리의 반쪽에서 분비액이 많이 나온다는 것을 확인했다. 이런 현상을 만들어내는 메커니즘은 쉽게 이해할 수 있다. 혈관을 억제하고 있던 신경이 절단되자마자 혈관이 팽창하게 되고, 혈액이 발한선(發汗腺)으로 풍부하게 흐르면서 활동을 증가시키고 분비액의 제거를 유발하는 것이다.

기온이 따뜻하거나 몸에서 열이 나면 혈액은 신체의 표면으로 풍부하게 흐르게 되며 몸을 식히기 위해 땀의 분비는 늘어나게 된다. 하지만 빈혈이 있는 사람도 땀을 흘리는 것을 보게 된다. 예를 들어, 폐병환자나 죽어가는 사람의 경우에는 혈액이 풍부하게 공급되지 않는다. 이런 경우에 분비액이 많아지는 원인은 다르다. 여기에서는 신경이 원인이 된다.

최근 생리학에서 이룬 가장 멋진 발견들 중의 한 가지는 뇌척수 체계와 신체의 분비선을 연결하는 신경필라멘트의 발견이다. 이전에는 모든 것들이 선을 향해 혈액이 다소간 풍부하게 흐르며, 선의 분비액은 여과작용의 과정이라고 생각했다. 그러나 이제는 이 문제가 훨씬 더 복잡하며, 세포활동을 증가시키고 감소시키는 신경들이 분비작용을 담당한다는 것을 알고 있다. 긴장, 고통, 간질,

강직경련에서 발한작용을 일으키는 것은 신경의 활동이다.

발한작용이 혈액순환과는 별개로 이루진다는 것을 증명하기 위해 우리는 고양이가 죽은 직후에 다리를 절개하여 좌골신경을 자극했다. 그러자 여전히 발바닥에서 발한작용이 나타난다는 것을 확인했다. 이로써 우리는 크게 놀라 창백해졌을 때 피부의 모든 혈관들이 수축한 상태에서 어떻게 식은땀을 흘릴 수 있는지를 이해할 수 있었다.

4

공장이 받아들이지 않는 것을 배출하기 위해 주기적으로 열리는 신체 부위가 있다. 이것은 배설강(排泄腔)을 구성하는 것으로 노란 액체를 담고 있는 저장기(貯藏器)이다. 여기에서 격렬한 감정에 휩싸여 있는 동안 두려움 특유의 무의식적인 움직임이 일어난다. 의사들은 이것이 괄약근이 마비되면서 일어나는 것이라고 생각했지만 사실은 그렇지 않다.

동물은 물론 인간에게도 심리적인 사실들에 상응하는 방광의 수축이 강하게 일어난다. 흥분이 약할 때 경험하는 경우는 거의 없겠지만, 이 기관의 근육 상태에는 언제나 즉각적인 변화가 일어난다. 이 책의 성격상 체적변동기록기로 작성된 곡선들을 수록할 수 없어 아쉽다. 그 곡선들은 심리적인 현상들과 감각신경에 가해지는 모든 자극이 방광을 수축시킨다는 것을 보여준다.

이것이 흥분해 있는 동안에 오줌을 배출할 급박하고도 반복적인 필요성을 느끼게 되는 이유다. 누구나 중요한 일이 벌어지려 할 때, 예를 들어, 연설을 해야만 한다거나, 시험을 봐야 한다거나, 어떤 것을 간절히 기대하고 있을 때 이 기관의 수축으로 인해 곤혹스러워 했던 기억이 있을 것이다.

절벽 끝으로 다가가거나 몹시 불안할 때, 복부에서 일어나는 수축과 압박의 느낌은 무의식적인 방광의 수축에서 비롯된 것이다. 우리는 혈관 수축을 일으키는 원인들이 모두 방광의 근육에 동일한 결과를 만들어낸다는 것을 입증했다. 쉽게 흥분하는 개들은 쓰다듬거나 음식을 보는 것만으로도 방광이 수축되어 오줌을 배출한다. 이것은 우리의 몸에서 정반대의 원인들로 똑같은 현상이 일어날 수 있다는 것을 확인시켜준다.

흥분상태에서는 신경계가 몹시 초조해지며, 특히 두려움을 느낄 때는 방광이 지나치게 수축하므로 의지로는 축적된 액체의 분출을 막을 수 없다. 그러므로 마비 때문이 아니라 방광이 너무 강하게 수축하여 무의식적인 배출이 일어나는 것이다.

로마의 대하수구(클로아카 맥시마 Cloaca Maxima)와 같은 이곳에서 어떤 일들이 일어나고 있는지 그 경로를 따라가며 살펴보기로 하자. 장벽(腸壁)은 방광의 벽만큼이나 수축성이 있다. 부드러운 근육을 갖추고 있으며 똑같은 공급원으로부터 신경과 혈관을 받아들인다는 것은 그리 놀라운 일도 아니다. 실제로 우리는 이 도관(導管)이 신속한 움직임을 처리한다는 것을 알고 있다. 우리는 모두 억누를 수 없는 장의 꾸르륵거리는 소리를 자주 듣기 때문이다.

만약 복벽이 투명하다면, 이런 일이 일어날 때 스스로 천천히 배출구 방향으로 늘어나는 장벽의 한정된 수축이 있다는 것을 보게 될 것이다. 연동운동으로 불리는 이런 움직임들은 우리가 아무런 소리를 듣지 못할 때일지라도 일어난다. 위 속에서 음식물을 뒤섞는 역할을 하며, 소화를 촉진하고 쓸모없는 찌꺼기를 직장으로 이동시킨다.

두려움으로 경련을 일으키게 되면 이런 움직임의 속도가 급격하게 늘어나 아주 짧은 시간 내에 위 속으로 유입된 물질들을 동화하고 소화하고 응축하기 전에 장의 말단부로 이동시킨다. 그러므로 용감한 사람들을 우스꽝스럽게 만들 수 있는 일정한 상황에서는 마비가 아니며, 둑을 넘쳐흐르는 개울처럼 장이 너무 격렬하게 수축하여 그 내용물을 유기체로부터 급속하게 배출하는 것이다.

5

두려움에서 한층 더 특징적인 현상은 '소름'이다. 피부가 어떻게 그리고 왜 이런 식으로 주름지게 되는지를 알아보자. 우리는 신체의 표면에는 땀샘 외에도 다른 샘들이 있다는 것을 알고 있다. '피지'라고 불리는 특정한 지방을 배출하고, 피부의 표면을 매끄럽게 하며 광택이 나게 한다.

만약 피부의 수직면을 촬영한다면 현미경으로 비스듬한 방향으로 피부를 가로지르며, 우산살과 같은 방식으로 모든 털을 둘러싸고 있는 근육섬유의 촘촘한 네트워크를 볼 수 있다. 현미경 아래에서 모든 털이 자체적인 샘과 근육, 신경, 동맥과 정맥을 갖고 있다는 것을 보는 일은 경이롭다. 이 근육들이 수축할 때 피부의 망사(網絲)도 마찬가지로 수축하며 샘들의 내용물을 짜낸다. 근육들이 매우 천천히 수축하기 때문에 우리는 피부의 이러한 움직임을 알아차리지는 못한다.

가끔은 피부근육이라 불리는 특별한 근육들이 피부에 나타난다. 이것은 동물의 삶에 중요한 역할을 한다.

우리는 모두 고슴도치가 위험이 닥쳐오면 스스로 몸을 공처럼 둥글게 만다는 것을 알고 있다. 앞에서 설명했듯이 이런 움직임은 몸 전체를 덮고 있는 근육에 의해 실행된다. 두더쥐도 이런 근육들이 매우 강하며, 앞에서 개나 말들이 파리를 쫓을 때 피부를 씰룩거린다고 했듯이, 이 움직임은 이러한 근육들 중의 하나를 급히 수축하는 것에서 비롯된다. 잠자는 개가 그렇듯이 동물들이 주둥이를 꼬리와 가깝게 해서 자신의 몸을 둥글게 오므릴 때, 이러한 근육들에 의해 머리와 다리들은 보다 쉽게 이런 자세를 유지한다. 나는 그런 근육들을 대체로 모든 고등동물들에서 보았으므로 지금부터 인간에게도 있는 이러한 근육들의 활용 가능성을 생각해보기로 한다.

그 근육들이 파리들을 쫓기 위한 것이라고 말하는 것은 정확하지 않은 것처럼 보인다. 그것들은 파충류와 물고기와 벌레에 쏘이는 것을 느끼지 못하는 피부를 지닌 많은 동물들에서 잘 발달되어 있기 때문이다. 게다가 만약 '파리-가설'이 올바른 것이라면 피부근육은 머리와 다리 또는 꼬리에 쉽게 닿을 수 없는 동물의 피부에서 가장 잘 발달되어 있어야만 하지만 실제로는 그 반대이기 때문이다.

분명 그 근육들은 이런 목적에 활용되지만 이것은 우연한 사실이다. 동물이 흥분하거나 두려워할 때도 털을 세우는데 그 근육들이 활용되는 것으로 알고 있다. 어떤 개가 적대적인 태도로 다른 개에게 다가갈 때, 신경계가 흥분되어 두려움 때문이 아니라 과도한 흥분으로 몸을 떨기 시작하게 된다. 혈관과 방광, 장에 있는 모든 근육이 수축되므로 피부근육은 그 개의 등에 있는 털을 일으켜 세우기 위해서도 수축한다는 것은 쉽게 이해할 수 있다.

차가운 욕조에 들어가거나 방 안의 온도나 낮은 아침에 이불을 제치며 자리에서 일어날 때 팔과 다리의 피부를 살펴본다면 우리는 소름이 돋는다는 것을 알아차리게 된다.

어떤 이유로 인해 혈관의 수축이 일어날 때마다, 이런 근육들도 수축하며 털이 곤두서게 된다. 이런 두 가지 현상이 동시에 나타나는 것이 동물들에게는 유용하다. 털이나 깃털을 올리면서 이런 부속기관에 의해 갇혀 있던 공기층이 증가하고, 이런 방식으로 열의 손실이 줄어들며, 피부가 식는 것을 막아준다. 어쩌면 말과 개와 고양이 그리고 새들이 날씨가 추울 때 털이나 깃털을 곤두세우는 것은 이런 이유 때문일 것이다. * 다윈은 이런 현상에 대한 또 다른 설명을 제시하는데 내게는 그리 개연성이 없어 보인다. 그는 동물들이 피부의 부속기관을 곤두세우는 것은 적들에게 보다 크고, 보다 무섭게 보이려 하는 것이라고 설명하고 있다.

하지만 이렇게 부드러운 근육들이 근본적으로 의지에 의존해야 한다는 것을 어떻게 설명할 수 있을까? 이런 근육들이 비록 동일한 기능들은 유지하지만 부드러워야 하면서 무의식적이어야 한다는 이중으로 개연성이 없는 가정을 회피하기 위해 다윈은 또 다른 설명을 사용한다.

"우리는 분노와 공포의 영향 하에서 신경계의 장애에 의해 입모근(立毛筋, arrectores pili: 기모근(起毛筋). 모낭(毛囊)의 결합조직의 피포(被包)에 부착된 미세한 평활근. 이 근육의 수축에 의하여 털이 일어나고 소름 등의 현상이 일어난다.)들이 직접적인 방법으로 약하게 영향을 받는다고 인정할 수 있을 것이다."

"곤두세우는 힘이 그렇게 강화되거나 증가하자마자 동물들은 빈번히 털이나 깃털을 곤두세워 몸의 크기를 크게 만드는 경쟁자나

화가 난 수컷들을 보게 되었을 것이다. 이 경우에 동물들은 자신의 적들에게 더욱 크게 보이고 더욱 무섭게 보이기를 원했을 것이 가능해 보인다. …… 그런 태도와 울음소리는 시간이 지난 후에 완전히 본능적인 습관이 되었을 것이다."

　"장의 연동운동 시기와 방광의 수축에서 그렇듯이 의지는 불명확한 방식으로 힘줄이 없거나 불수의(不隨意) 근육의 행위에 영향을 끼칠 수 있다는 것도 가능하다."* 찰스 다윈:《감정의 표현》, p. 103.

Chapter 13

어린이들의 두려움, 꿈

1

어린이를 양육하는 사람은 그 어린이의 뇌를 대표한다. 어린이에게 말로 전해진 나쁜 일들, 모든 충격, 어린이에게 주어진 모든 공포는 마치 살 속을 파고든 미세한 파편처럼 평생 그 어린이를 괴롭힌다.

늙은 병사에게 지금까지 가장 두려워했던 것을 물어보자 이렇게 대답했다.

'딱 한 가지뿐이 없지만 여전히 나를 괴롭히고 있지. 이제 거의 70이 되었고, 수많은 죽음을 눈앞에서 보았고, 그 어떤 위험 속에서도 용기를 잃지 않았지. 그러나 숲속 그늘에 있는 작고 오래된 교회나 산 속의 외딴 예배당을 지나칠 때, 난 언제나 내 고향 마을의 버려진 작은 예배당을 기억하게 되고 몸을 떨면서 마치 살해당한 사람을 찾는 것처럼 주변을 둘러보게 되지. 어린 시절에 그 안으로 옮겨지던 시체를 보았거든. 늙은 하인은 나를 보호하려고 입을 열지 말라고 했었지.'

걱정, 두려움, 공포는 마치 이성의 빛을 막는 지독한 담쟁이덩굴처럼 한데 뒤엉켜 영원히 기억의 주변을 맴돈다. 인생의 모든 단계에서 우리는 어린 시절의 공포를 기억한다. 지하실의 둥근 천장, 다리의 어두컴컴한 아치, 어둠 속에서 길을 잃었던 네거리, 공동묘지의 숲 한가운데 숨어 있던 십자가들, 캄캄한 한밤중에 멀리서 깜빡거리던 희미한 불빛, 파도에 침식된 외딴 동굴, 사람이 살지 않아 폐허가 된 성, 황폐한 망루의 불가사의한 고요함은 어린아이에게 두려움의 기억이 된다. 어린이의 눈은 영혼의 깊은 곳에서 이러한 장면들에 한 번 더 눈길을 주는 것처럼 보인다.

엄마나 유모, 가정부 또는 하인들뿐만 아니라 수백 세대가 어린이들의 뇌를 자신들이 아름답다고 생각하는 방식으로 변질시키기 위해 작업해왔다.

고대 그리스와 로마의 어린이들은 자신들의 피를 빨아먹는 흡혈귀(lamias, 라미아: 상반신은 여자, 하반신은 뱀인 괴물이다. 어린아이의 생피를 빨아먹는다)와 아텔라(atellans: 즉흥 가면 소극)의 가면 또는 그들을 데리고 가기 위해 온다는 어둠의 신, 머큐리(제우스의 심부름꾼. 상인, 도둑, 웅변의 신이다)를 두려워했다.

그리고 교육에서 가장 해로운 이런 오류들은 여전히 사라지지 않고 있다. 어린이들은 여전히 못된 어린이를 잡아간다는 도깨비와 상상 속의 괴물 이야기들, 사람 잡아먹는 거인, 요귀(妖鬼), 마법사 그리고 마녀들을 두려워한다.

어린이들은 언제나 이런 이야기를 듣는다. '이것이 너를 쪼아 먹을 거야.' '저것이 널 물어버릴 거야.' '그러면 개를 부를 거다.' '악당이 온다.' 그리고 쉽사리 울음을 터뜨리게 하고 성품을 망쳐놓는 수많은 공포를 들려준다. 어린이들의 일생에 위협과 고통을 끊임없이 불러일으키고 부담을 떠안겨 나머지 일생 동안 머뭇거리고 움츠러들게 만든다.

어린이들의 상상력은 성인들보다 훨씬 더 생생하며 더 쉽게 흥분한다. 태생적으로 마음이 약한 어린이는, 어두컴컴한 곳에 버려두는 것보다 등불을 밝힌 방에 머물도록 해야 한다. 그렇게 하여 잠에서 깨어났을 때, 그 장소를 즉시 인식하고 근거 없는 상상이 현실인 것처럼 보이지 않도록 해야 한다.

어린이의 눈은 어른들보다 익숙한 물체들의 윤곽에서 무서운 것의 형태를 훨씬 더 쉽게 떠올릴 수 있다. 저녁에 어린이들에게 들려주는 이야기와 밤에 흥분을 자극하는 것은 대부분 어린이들의 꿈속에서 다시 나타나게 된다.

송골매의 울음소리를 한 번도 들어본 적이 없는 태어난 지 열흘 된 칠면조는 그 소리를 처음으로 들었을 때 빛의 속도로 사라져 구석에 몸을 숨기고 10분 이상 꼼짝 않고 몸을 웅크려 숨을 죽이고 있었다.

스팔딩(Spalding)은 부화한지 일주일 된 병아리들이 풀밭에서 어미닭 주변에서 짹짹거리고 있을 동안 매를 날려 보냈다. 그 즉시 병아리들은 풀과 숲속으로 숨으려 했고 평상시에 아무런 소리도 내지 않아서 적을 경험해본 적이 없었던 것 같았던 어미닭은 매를 보자 죽일 것처럼 맹렬하게 달려들었다. 그런데 어미닭이나 갓 태어난 병아리들이 매와 같은 맹금을 한 번도 본 적은 없었다.

적을 알아차리게 하는 것이 실제로는 본능이라는 것을 확신할 수 있기 위해 스팔딩은 곧이어 비둘기들을 날려 보냈다. 비둘기들은 어미닭 근처에 내려앉아 매의 경우와는 달리 아무런 혼란이나 흥분을 일으키지 않았다. 그러므로 우리는 두려움을 만들어내는 타고난 기억이 있다는 것을 인정해야만 한다.

2

언제나 인간에겐 숭고한 능력이 있다는 생각에 빠져 있던 철학자들은 미개인과 어린이들에 대한 연구에는 너무 무관심했다. 하지만 우리는 바로 여기에서 시작해야만 한다. 단순한 것에서 복잡한 것으로 진행해야만 하는 것이다. 다른 누구보다 생리학자들은 오감의 경험에 의해 얻게 된 능력과 물려받은 심리적인 사실들을 구분하기 위해 이러한 필요성을 인식했던 것으로 보인다. 생리학자들을 오랫동안 마음이 통하는 아내와 소중한 아이와 집에 머물면서 이들의 전 생애에 대해 주의 깊게 관찰하고 글을 쓰도록 한다면 가장 훌륭하며 이상적인 연구일 것이다.

가장 뛰어난 태생학자들 중의 한 명인 프레이어(Wihelm Preyer 1841~1897) 교수는 이런 행복한 생각을 실천으로 옮긴 사람이었으며, 그의 책《어린이의 영혼》은 현대 심리학의 가장 재미있는 책들 중의 한 권이다.

이제 갓 태어난 아기도 창에서 들어오는 빛을 바라보게 하거나 손으로 눈에 그늘이 지게 하면 얼굴이 갑자기 변화한다. 2일 째에 촛불을 얼굴 가까이 가져가면 두 눈을 즉시 질끈 감으며, 잠에서 깨어날 때 불빛이 눈앞에 있으면 머리를 힘껏 뒤로 돌린다. 이 경우 아기는 두려움이 아니라 과도한 민감성을 통해 반응하는 것이다. 태어난 지 몇 달이 되지 않은 아기는 구름이나 눈으로 덮인 지면을 바라보면서 성인보다 더 자주 그리고 더 강하게 눈을 감는다.

태어난 후 한 달 동안 어린이들은 갑작스러운 소음이 들리거나 장난으로 손가락을 눈에 갖다 대는 체를 해도 눈을 깜짝이지 않는다. 프라이어 교수는 어린이의 경우, 이런 움직임은 57일째 되는 날 처음 나타났으며, 60일째 되는 날부터 규칙적이며 일정하게 나타나게 되었다. 태어난 지 9주가 된 어린이가 위험이라는 생각을 가질 수 있다거나 두려움 때문에 눈을 감고 손을 들어 올린다고 생각할 수는 없다. 해가 되는 것들을 배울 기회가 전혀 없었다는 것을 알고 있으므로 이것은 분명 경험의 결과는 아니다.

두려움이라고 생각하는 대신, 이러한 사실들을 인생의 처음 몇 시간 동안 눈을 감고 있는 것과 유사한 행위라고 생각하는 것이 더욱 논리적인 것으로 보인다.

갑작스러운 그림자나 소리는 마음에 들지 않는 사실이며, 많은 어린이들이 처음으로 천둥소리를 들었을 때 그 소리가 무엇인지 모르지만 울어버리는 것처럼, 그리고 갑작스럽게 문이 쾅 하고 닫히거나 어떤 물체가 떨어지면 놀라는 것처럼 불안해진 신경계는 반사행동으로 반응한다.

프라이어는 일곱 번째 주에 자신의 어린이가 갑작스러운 소리를 듣게 되면 깨어나지 않으면서도 깜짝 놀라며 손을 들어 올린다는 것을 알게 되었다. 생후 7개월인 아이 앞에서 송풍기를 열고 닫는 것으로 깜짝 놀라는 표정을 짓게 할 수 있었다. 하지만 크게 뜬 눈과 벌린 입과 고정된 표정은 단순히 놀랐다는 표시는 아니었다. 아이를 젖가슴에서 떼어놓을 때 그와 똑같은 태도로 다시 젖을 먹고 싶다는 확실한 욕구를 표현했기 때문이다.

이러한 경우 눈은 훨씬 더 많은 눈물을 흘리며 빛을 낸다. 크게 뜬 눈은 무엇보다 미소를 수반한다. 어린이들은 기쁠 때 눈을 뜨고 불만이 있을 때 눈을 감는 경향이 있다는 것을 알 수 있다.

정신이상자나 동물들처럼 어린이들은 마음에 들지 않는 경험을 하게 되면, 자신들이 모르는 모든 것에 놀라게 된다. 때로는 두려움이 갑작스럽게 나타난다. 시시각각으로 어린이는 모르는 사람을 보게 되거나 만약 엄마나 아빠가 유별난 몸짓을 하거나 큰소리로 부른다면 겁을 내거나 놀라게 된다.

왜 무서워해야 하는지를 배우기도 전에 어린이들이 개나 고양이를 두려워하는 것은 유전의 결과이다. 나중에라도 일정한 경험을 하게 되거나, 젖을 빠는 강아지나 새끼고양이의 모습을 보며 두려움을 극복하게 되는데 만약 선천적인 반감이 아니었다면 그것은 우스꽝스러운 일이었을 것이다. 한번도 넘어진 적이 없으면서도 처음으로 걸음마를 할 때 넘어지는 것을 두려워하는 것도, 바다를 처음 볼 때 두려워하는 것도 마찬가지일 것이다.

3

'야경증(夜驚症)'은 3~7세 어린이들에게 두드러지게 나타나는 만성질병이며 악몽과 혼동해서는 안된다.

그 증세는 다음과 같다 : 몇 시간 동안 깊은 잠을 잔 후에 갑자기 잠에서 깬다. 엄청난 공포에 대한 생생한 표현과 마치 유령이 눈앞에 서 있는 것처럼 눈을 한 곳에 고정한다. 인식장애가 일어나 아무도 알아보지 못하고 묻는 말에 대답을 하지 못한다. 땀으로 온몸이 젖는다. 심장 박동이 강해진다. 맥박이 빨라진다. 호흡곤란,

수족 경련, 체온은 정상이다.

이러한 발작의 강도와 지속시간 그리고 빈도는 매우 다양하게 나타난다. 일반적으로 5~20분 동안 지속되며 그 후로는 의식을 회복하고 다시 잠이 든다.

아침에는 아무것도 기억하지 못한다. 드물게는 하룻밤 새에 여러 번 일어나기도 한다. 규칙적으로 며칠 간격으로 나타나며 종종 2~3회 일어난 후에 한꺼번에 사라진다.

이 질병의 원인은 유전적이거나 우발적인 것이다. 창백하고 예민하고 야위고 연주창(부스럼)과 빈혈이 있으며, 대단히 똑똑하거나 성미가 급한 어린이들은 쉽게 발병한다. 또한 흥분을 잘하거나 신경병을 앓았던 부모의 자녀들이 걸리기 쉽다. 야경증의 부차적인 원인들 중에는 특별히 언급할 만한 것으로는 강한 흥분과 열병 그리고 소화기관의 질병이다. 어린이들은 대부분 회복되며 병의 예후는 좋다고 말할 수 있다.

과도한 신경흥분성을 지니고 있는 사람들은 심장의 박동이 비정상적일 수는 있지만 아주 예외적인 경우에만 야경증의 발작이 해로운 영향을 오랫동안 지속시킨다.

4

어린이들의 꿈은 성인들에 비해 보다 더 현실적이고 생생하며 무섭다. 어린 시절에 보게 되는 것들이 영원히 기억 속에 각인된다는 사실에서 알 수 있듯이 어린이들의 뇌는 지나치게 감수성이 예민하기 때문이며, 어린이들의 생활은 감정적인 것들로 이루어져 있는 반면에 심약해서 겁이 많고, 모든 위험을 과장되게 생각하며 모든 적들이 자신보다 훨씬 힘이 세다고 생각하기 때문이다.

흥분과 공포는 꿈속에서 지나치게 커질 수 있어서, 최근에 노트나겔(Carl Nothnagel 1841~1905: 독일의 임상의사) 교수가 밝혔듯이 어떤 어린이들은 실제로 간질병 발작을 일으키기도 한다.

성인들의 꿈도 가끔은 너무나도 강렬하게 현실적인 것으로 보여 정신착란성 발작과 공통점이 있다. 우리가 진저리를 치면서 인간 정신의 허약함과 꿈의 놀라운 위력을 인정하면서 몸을 떨게 하는 얼마나 끔찍한 사건들과 파국이 일어나고 있는 것일까!

1878년 글라스고에서 일어났던 사례 하나를 들어보기로 하자.

24세 프레이저라는 남성은 한밤중에 갑자기 자리에서 일어나 자신의 자녀를 붙잡고 벽을 향해 내던져 두개골이 산산이 부서졌다. 아내의 비명소리에 제정신이 돌아온 그는 자신이 아들을 살해했다는 것을 알고 공포에 휩싸였다. 그는 야생동물이 방안으로 들어와 침대에 있는 아들을 잡아먹으려 달려드는 것을 보고 아들을 구했다고 생각했던 것이었다. 프레이저는 즉시 자수했으며 무죄로 풀려났다. 그가 무의식 속에서 행동했던 것이 분명했기 때문이었다.

기술자인 그는 창백한 얼굴에 신경질적인 기질의 지적 능력이 떨어지는 어린아이 같은 사람이었지만 자신의 일에는 성실했다. 그의 어머니는 평생 간질병으로 고생했으며, 결국 발작으로 사망했다. 그의 아버지 역시 간질병 환자였다. 그의 이모와 사촌들은 정신이상이었으며, 누나는 어릴 적에 소아경기로 사망했다. 어린 시절부터 그는 무서운 꿈에 시달렸으며, 침대에서 비명을 질러대며 자리에서 벌떡 일어나곤 했다. 특히 낮 시간 동안 흥분하게 되었을 경우에 이런 꿈들에 시달렸다.

한번은 어린 여동생이 물속에 빠지는 것을 구한 적이 있었으며, 이때의 경험이 밤중에 자주 일어나 동생의 이름을 크게 부르며 마치 떨어지고 있는 것을 잡는 것처럼 두 팔로 끌어안는 것 같은 기분을 느끼도록 했다. 때때로 잠에서 깨어났다가 다시 잠자리로 돌아가 깊은 잠을 잤지만 아침에는 아무것도 기억하지 못하고 침울해 했다. 1875년에 결혼한 후에 그런 발작은 전혀 다른 특성을 띠게 되었다.

그는 무서운 꿈에 시달리면서 침대를 박차고 일어나면서 '불이야!'라고 외치거나, 아들이 경기를 일으키고 있다고 하거나, 맹수가 방 안으로 들어왔다고 하면서 손에 잡히는 물건을 잡고 맹수를 찾아 때리려고 했다. 여러 번에 걸쳐 자신의 아내와 아버지 그리고 함께 살았던 친구의 목을 움켜쥐고 그 맹수를 잡았다고 믿으며 거의 죽을 정도로 목을 졸라댔다.

이런 발작을 하는 동안 두 눈을 크게 뜨고 격앙된 표정을 지으면서 비록 자신의 환상과 일치하지 않는 것은 아무것도 보지 못했지만 주변의 모든 대상들을 살펴보았다. 게다가 그는 다정한 아버지였다! 제정신이 돌아왔을 때 그가 느꼈을 말로 표현할 수 없는 슬픔은 생각만 해도 몸서리가 쳐진다.

_ Chapter 14 _

놀람과 공포

I

두려움의 가장 무서운 효과들 중의 한 가지는 도망치거나 방어
도 하지 못하게 만드는 마비(痲痺) 현상이다.

전쟁 대량학살의 역사 그리고 법정의 연대기에는 공포가 희생자
들의 도망칠 본능마저 억압해버린 깜짝 놀랄 사건들로 가득하다.
하지만 강력한 흥분의 영향 하에서 근육에 대한 의지의 지배력과
방어를 위한 에너지는 어떻게 중단되는 것일까?

만약 수면현상을 연구한다면 우리는 의지의 중심부와 일정한 환
경 속에서 분리될 수 있는 근육 사이의 연결을 쉽게 상상할 수 있
다. 우리는 모두 악몽이 무엇인지 알고 있다. 우리는 모두 꿈속에
서 가슴을 짓누르며 숨을 막히게 하거나, 도저히 풀어버릴 수 없는
올가미로 목을 조이는 압박감을 잘 기억하고 있다.

스스로 마비되었다는 것을 느끼는 이런 꿈들은 분명한 고문이다. 발밑의 땅이 사라지고 우리는 깊은 어둠속으로 떨어져 내린다. 쫓기는 동안 넘어져 다시 일어날 수도 없다. 길 한복판에 꼼짝 못하고 누워 있는데 몸을 산산조각 낼 마차가 다가오는 소리를 듣거나 말발굽으로 짓밟아버릴 기세로 질주하는 말을 보게 된다. 비명을 지를 수도 없으며 손과 발은 전혀 움직일 수도 없다. 악몽이 끝날 때까지 압박감과 절망감은 더욱 늘어나고 두근거리는 가슴과 고된 숨소리를 내뱉으며 잠에서 깨어난다.

여성과 어린이들은 이처럼 폭력적인 두려움을 등을 돌리거나 눈을 손으로 가리거나 뒤를 돌아보지 않고 방구석으로 기어가는 것으로 극복한다. 공포 속에서는 가장 용맹한 남자들도 도망갈 생각을 전혀 하지 못한다. 마치 방어를 담당하는 신경들이 분리되어 각자의 운명에 맡겨진 것처럼 보인다. 사소한 흥분 속에서도 우리는 손의 근육을 제어하는 의지의 능력이 부분적으로 쇠약해진 것을 알게 된다.

윗(Rober Whytt 1714~1766: 스코틀랜드 의사)은 머리가 떨어져 나간 동물의 흥분성은 몇 분이 지난 후에 크게 늘어난다는 것을 발견했다. 머리가 잘린 직후에 몸통의 피부에 가해진 전기 자극은 아무런 반작용을 만들어내지 못했지만, 몇 분 후에는 똑같은 전류로 다리에 격렬한 움직임을 일으켰던 것이다.

이런 예상치 못한 현상들은 척수에는 도끼로 강하게 내리치는 자극이 가해졌을 때 반사행동을 억누를 수 있는 메커니즘이 있다는 믿음이 생기도록 했다. 하지만 일정한 조건에서 근육에 대한 의지의 능력을 무력화시키는 메커니즘을 가진 신경중추의 존재를 의심하게 만드는 다른 실험들이 많이 있었다.

수족관에 있는 도롱뇽의 한쪽 다리를 족집게로 잡아두는 실험에서는 도롱뇽이 거의 굳어버린 것처럼 꼼짝하지 않고 몇 분 동안 그대로 있는 것을 보게 된다. 개구리는 감각신경에 강한 자극이 가해지면 더 이상 꼼짝도 할 수 없게 된다. 또한 격렬하고 엄청난 자극의 영향 하에서는 임의의 자극을 통해 근육운동을 만들어내는데 필수적인 척수세포들의 분자 작업이 방해를 받는다는 것을 보여주는 다른 많은 실험들도 있다.

2

말들은 호랑이를 보면 몸을 떨며 더 이상 달릴 수 없게 된다. 원숭이들도 엄청난 공포에 휩싸이면 움직이지 못한다. 원숭이들 중에서도 가장 몸이 재빠른 긴팔원숭이는 땅 위에서 깜짝 놀라게 되면 저항하지 않고 인간에게 사로잡힌다. 물개는 해변에서 기습을 당해 쫓기면서 지나치게 흥분하게 되면 제대로 걸음을 떼지 못하고 콧바람을 거칠게 내쉬며 몸을 떨면서 방어도 하지 못한다.

인간이 어떤 비열한 방식으로 공포를 일으키는 비참한 효과들을 활용하는지 보여주기 위해 브레엠(Alfred Brehm 1829~1884)의 《동물의 일생》에서 일부를 발췌했다. 물개는 매우 똑똑한 동물이며 성격이 온순해서 외딴 섬에서 그곳에 도착한 여행자들에게 전혀 관심을 보이지 않는 것으로 신뢰를 나타낸다. 물개는 해변에서 일광욕을 하면서 인간들이 지나치거나 그들 한가운데 멈추는 것을 허용한다. 하지만 어이없는 경험을 하자마자 이 끔찍한 동물 학살자들의 정체를 알게 되면서 경계를 하고 물 밖으로 나오는 것을 두려워한다.

"캘리포니아의 산타바버라 남쪽에는 물개들이 즐겨 휴식을 취하는 해발 약 30미터 이상인 평원이 있다. 배를 정박시키자마자 그 동물들은 평원에서 내려와 바다 속으로 들어가 모든 위험이 사라지고 선원들이 다시 배에 올라탈 때까지 바다에서 나오지 않는다. 물개들을 기습하려는 시도는 상쾌한 바람이 평원에서 배 쪽을 향해 불어와 짙은 안개가 감춰주던 어느 날까지 몇번이고 아무런 성과도 없었다. 약간 떨어진 곳에 상륙한 선원들은 바람이 불어오는 쪽을 향해 조심스럽게 기어가다가 모여 있는 바다표범들을 향해 고함을 지르며 총과 곤봉과 창을 휘두르며 갑자기 돌진했다.

눈으로 선원들을 바라보며 공포에 질린 그 불쌍한 동물들은 혀를 입 밖으로 내민 채 마침내 가장 늙고 가장 용감한 수컷들이 바다 쪽으로 향하는 길을 가로막고 있던 파괴자들의 행렬을 돌파하려 할 때까지 그 자리에 꼼짝도 못하고 있었다. 하지만 물에 다가

가기 전에 살해당했으며 선원들은 천천히 느리게 물러나고 있던 다른 물개들을 향해 다가갔다.

이런 종류의 공격은 그 불쌍한 동물들이 도망칠 희망을 모두 잃고 무기력하게 자신들의 운명을 포기했기 때문에 곧바로 학살로 이어졌다."

3

두려움은 다른 어떤 동물보다 새에게 더 명확하게 나타난다. 우리는 가끔 곡예사들이 마술 실력의 증거로 작은 새를 꺼내 자신의 손에 눕혀두고 비록 쉽게 날아갈 수 있음에도 꼼짝 않고 누워 있도록 하는 것을 보게 된다.

이것은 예수회의 유명한 수도사인 키르허(Athanasius Kircher 1601~1680)가 연구했던 오래된 실험이었다. 로마대학의 교수인 그는 1646년에 《빛과 그림자의 위대한 마술》이라는 묘한 제목의 책을 발표했다. '암탉의 상상력'이라는 장에서 그는 다음과 같은 실험을 설명했다.

"암탉의 두 다리를 함께 묶고 땅 위에 눕혀놓으면, 처음에는 몸을 움직이고 날개를 퍼덕거리며 벗어나려 노력하지만, 모든 시도가 소용없다는 것을 알게 되면 조용히 누워 있게 된다. 만약 암탉이 전혀 움직이지 않게 되자마자 분필로 암탉의 눈 가까이에서 시작되는 선을 그려놓으면 그 암탉은 두 다리를 풀어준 후에도 도망치려 하지 않으며, 움직이도록 부추겨도 도망치지 않는다."

어린 시절에 암탉을 붙잡아 귀에 대고 날카로운 소리를 지른 다음 머리를 날개 아래로 감추도록 하고 가슴을 위로 하여 탁자 위에 눕혀두면서 암탉이 잠들었다고 말하는 놀이를 했을 것이다.

여러 나라에서 흔히들 알고 있는 이 묘기는 키르허가 했던 '놀라운 실험'의 또 다른 형태일 것이다. 쩨르마크(Czermak)가 1872년에 비엔나 과학 아카데미에 제출했던 논문에서 이것이 최면상태 또는 일시적인 졸음이라고 주장할 때까지 이 현상을 연구했던 생리학자는 아무도 없었다. 하지만 이 가설은 왜 호흡이 부자연스러워지고, 두 눈을 응시하는지를 설명하지 못하며, 손을 갖다 대도 왜 암탉이 움직일 수 없으며, 벼슬은 왜 창백해지는지를 설명하지 못하므로 잠들어 있는 경우는 아니다.

프레이어는 이러한 효과는 공포에서 비롯된 것이라고 처음으로 밝힌 사람이었다. 공포에 질려 말도 못하고 움직이거나 생각도 못하는 상태에 있는 사람을 표현하는 독일어 단어가 없었으므로 그는 이 상태를 '탈력발작(脫力發作 cataplexy)'이라고 칭했다. 이 제목을 담고 있는 그의 작품에서 몇 가지 관찰들을 발췌한다.

모든 포유동물들 중에서 기니피그는 공포를 가장 쉽게 느낀다. 단순히 잡거나 아무런 압박을 가하지 않고 잠시 손에 쥐고 있는 것만으로도 종종 공포에 사로잡혀 꼼짝 못하게 할 수 있다. 기니피그는 이런 상태로 30분 정도 있을 수 있으며, 토끼는 10분 남짓, 개구리는 몇 시간이라도 움직이지 않을 수 있다.

동물들은 똥과 오줌을 배설해야 하기 때문에 그 사이에 잠속에 빠져든다는 것은 불가능하다. 키르허는 암탉 스스로가 그 표시에 의해 한정된 것으로 생각하도록 부리 근처에서 시작하는 하얀 선을 그릴 필요가 있다고 주장했다. 하지만 암탉은 그 선이 없어도 꼼짝하지 않고 있기 때문에 그의 주장은 사실이 아니다. 그리고 암탉이 아무것도 보지 않고 있을 때일지라도 쉽게 탈력발작을 일으킨다.

물 밖으로 꺼낸 게들은 스스로 기묘한 자세를 취하며 아주 오랫동안 움직이지 않는다. 프레이어는 개구리와 쥐로 이와 비슷한 실험을 했다. 어떤 독사들은 머리를 살짝 눌리게 되면 마치 모세가 파라오 앞에서 그랬듯이 경직된 채로 가만히 있는다.

이런 상태를 만들어내기 위해서는 돌발적인 흥분이 필요하다. 모든 것이 유발된 격렬한 공포에 달려 있으므로 동물이 어떤 방식으로 다루어지는가는 중요하지 않은 문제다. 번개에 맞은 사람과 강력한 기계로부터 전기적 충격을 받은 동물들에게서 이와 유사한 상황이 관찰되었다. 많은 새들이 비록 작은 탄환에 거의 상처를 입지 않았음에도 마치 번개에 맞은 것처럼 놀란 눈으로 헐떡거리며 땅에 떨어져 움직이지 않은 채로 있었다. 이것 역시 탈력발작적인 상황의 한 가지 사례다. 상처는 치명적이지도 않으며 심지어 잠시 후에는 회복될 정도로 심각하지도 않았기 때문이다.

위험이 닥쳐왔을 때 일부 동물들과 많은 곤충들은 오랫동안 움직이지 않는다. 다른 많은 갑충류가 이와 똑같은 방식으로 행동한다. 심지어 잡히거나 핀으로 고정되거나 불 위에서 구워질 때도 움직이지 않는다. 프레이어는 당연하게도 이것이 속임수일 수 없으며 자신들의 생명을 구하는 방식으로 죽은 체하는 본능일 수도 없다고 했다. 만약 그렇다면 속임수를 쓰지도 않고 산 채로 불에 타버리는 것을 설명할 길이 없기 때문이다.

당연하게도 그 움직이지 않는 동물은 보다 쉽게 적으로부터 도망칠 수 있다. 다윈은 어떤 동물이 놀라게 되면, 잠시 멈춰 감각을 모으고 위험의 원인을 발견하고 도망칠 것인지 아니면 방어할 것인지를 결정한다고 했다. 하지만 이것은 분명 탈력발작 현상이나 공포의 원인이거나 이유일 수는 없다. 동물 유기체의 심각한 결함으로 생각해야만 할 것이다.

지금 우리가 연구하고 있는 현상들은 자신을 보기만 해도 돌처럼 굳어버리게 만드는 메두사의 이야기나 쳐다보는 것으로 죽일 수 있었던 바실리스크*(전설에 나오는 작은 뱀. 한번 노려보거나 입김을 쐬는 것만으로도 죽음에 이르게 한다)의 전설 그리고 쉿 소리를 내는 것만으로 죽음에 이르게 하는 독사에 대한 신화에서 찾아볼 수 있다.

이 전설들 중의 한 가지는 오늘날에도 그 근거를 찾을 수 있다. 다시 말하자면, 독사들이 내뿜는 숨에는 독성이 있으며 외형이 먹잇감들의 주의를 끌어 사로잡을 수 있는 마법과 같은 능력이 있다는 것이다. 하지만 이것은 옳지 않다. 이것들 또한 탈력발작 현상들이다. 방어할 수 없는 새들은 둥지로 다가오는 독사를 보게 되면 마치 자신들에게 관심을 집중시켜 새끼를 구하려는 것처럼 비명을 지르고 날개를 퍼덕거린다. 사랑과 흥분에 눈이 먼 새들은 적에게 달려들어 마치 마비된 것처럼 날개나 발톱을 거의 움직이지 않거나, 스스로 독사의 아가리로 달려들어 먹히고 만다.

4

공포가 급사를 일으킬 수도 있다는 것은 잘 알려진 사실이다. 자비에 비샤(Xavier Bichat 1771~ 1802: 프랑스 해부학자이며 병리학자)는 강한 흥분 상태에서 죽음을 일으키는 것은 기본적으로 심장의 마비라고 주장했다.

그는 "순환계의 힘들이 갑작스러운 고갈로부터 회복할 수 없을 정도로 작용하여 죽음으로 이어진 것이다."라고 했다.

특히 노인들은 강한 정신적 흥분에 압도되기 쉽다. 이런 사실은 일반적으로 청년에 비해 감수성이 훨씬 예민하지 않다는 것과 분명히 모순되는 것이다. 하지만 균형을 무너뜨리는 것은 신경계의 허약함이다. 종종 자녀들의 죽음의 결과로 부모들이 극심한 고통에 압도되지만 형제나 자매들은 그 슬픔을 상대적으로 더 잘 견뎌낸다.

마르셀로 도네이토와 파올로 지오비오는 터키와의 전쟁에서 부다페스트가 포위되었을 때, 용맹함으로 한몸에 모든 사람들의 존경을 받았던 어떤 청년의 이야기를 들려준다. 불행하게도 그 청년은 포위군의 거듭되는 공격에 희생되고 만다. 전투가 끝나고 장군들은 서둘러 그 영웅의 정체를 알고 싶었다. 청년의 얼굴에서 가면을 벗기자마자 장군은 그가 자신의 아들이라는 것을 알게 되었다. 그는 꼼짝 않고 그 자리에 서서 두 눈으로 아들을 뚫어져라 바라보다 한마디 말도 못하고 그 자리에 쓰러져 죽어버렸다.

흥분했을 때 허약함이 쉽게 죽음을 일으킨다는 한 가지 증거로서, 뮐러(Johannes Müller 1801~1858: 독일의 생리학자)의 실험을 소개한다. 그는 개구리들의 간을 손상시켜 아주 약해지고 흥분을 잘하도록 만들었다. 지극히 적은 자극들에도 수축이 일어났지만, 평온한 상태에 있을 때는 움직이지 않았으며 심지어 오래 살기도 했다. 그가 개구리를 잡아 손바닥 위에 올려놓으면 그 즉시 강직경련을 일으켰으며 잠시 후에 죽게 되었다.

할러(Haller)는 누군가 자신의 발목을 잡는다고 상상하며 무덤 위를 걷다가 그날 죽게 된 어떤 남자의 이야기를 들려주었다. 죽을 것이라고 예언을 들었던 날 죽은 사람들도 있으며, 죽으라는 저주를 받는 그 순간에 죽은 사람들도 있다. 할러는 이미 공포가 심장의 작용을 억제할 수 있으며 혈액의 순환을 심하게 변형시킬 수 있다는 것을 알고 있었다.

외과의사들은 외상이나 도덕적 원인들로부터 신경계에 가해지는 격렬한 충격이 환자들에게 얼마나 치명적으로 나타나는지 잘 알고 있다. 그런 경우에 숨골은 활기가 매우 약해져 클로로포름 마취는 심장의 활동과 호흡작용을 억제시키기에 충분하다. 파비아 대학의 뛰어난 외과의사인 포르타는 수술을 받던 환자가 죽게 되면 수술칼과 도구들을 경멸하듯이 땅에 내던지고는 시신을 비난하듯이 '겁쟁이들은 무서움 때문에 죽는다'라고 소리를 질렀다.

런던에 있는 성 바르톨로뮤 병원의 의학교수인 나의 친구 브런턴(Lauder Brunton 1844~1916)은 몇 년 전에 다음과 같은 사실을 발표했다.

한 조수가 대학의 학생들에게 밉살스럽게 보이는 바람에 학생들은 그를 깜짝 놀라게 만들기로 작당했다. 그들은 캄캄한 방에 단두대와 도끼를 준비한 다음, 검은 옷을 입고 마치 의식을 집행하는 것처럼 꾸민 학생들 앞으로 그를 끌고 왔다. 준비해놓은 것들을 본 그는 장난이라고 생각했지만 학생들은 모든 것이 진지한 일이며 지금 당장 참수할 것이니 죽을 준비를 하라고 강조했다. 학생들은 그의 눈을 가리고 강제로 무릎을 꿇게 해서 그의 머리를 단두대 위에 올려놓도록 했다. 그들 중 한 명은 마치 내려치기라도 할 것처

럼 도끼를 야단스레 휘둘러대는 동안 다른 한 명이 젖은 수건으로
그의 목을 때렸다.

학생들이 눈가리개를 벗겼을 때 그는 이미 죽어 있었다!

5

가장 위대한 두려움의 생리학자는 병적인 환각 속에 살았던 불
행한 시인인 에드가 앨런 포(E. A. Poe 1809~1849: 《어셔 가의 몰락》, 《검
은 고양이》로 유명한 미국의 시인, 소설가)였다. 그는 37세의 나이로 무
절제한 생활의 희생양이 되어 공포와 '섬망증'에 의한 경련으로 병
원에서 사망했다.

그 어느 누구도 두려움을 그보다 더 세밀하게 묘사한 사람은 없
었으며, 저항할 수 없는 흥분의 고통을 그처럼 냉정하게 분석하고
강렬하게 느끼도록 했던 사람은 없었다. 하지만 그 역시 심장을 터
뜨리고 영혼을 산산조각낼 것 같은 두근거림과 숨막히는 압박감과
무시무시한 고통 속에 그는 죽음을 맞이했다.

그보다 더 인간의 정신을 끔찍한 심연으로 던져넣고 어둡고 우
울한 황무지로 이끌고 간 사람은 없을 것이다.

그가 묘사한 한밤중의 공포를 잊을 수 있는 사람이 있을까? 소
름끼치는 한줄기 빛, 몸서리치게 만드는 어둠 속의 희미한 발걸음

소리, 손발을 마비시키는 살인사건, 깊은 고통에 빠진 영혼의 신음
소리와 억압된 비명소리! 공포로 몰아넣는 움직이지 않는 유령 앞
에서는 자포자기하겠다는 용기마저도 아무런 소용이 없다! 말로
형언할 수 없는 공포와 전율은 심장을 멎게 하고, 응시하던 눈을
감게 만들고 떨리는 손발을 마비시킨다. 공포의 고문대에 아무런
감각 없이 눕혀놓고 고통 속에 죽게 만든다.

_ Chapter 15 _

두려움이 만들어내는 질병들

1

병원에서 보호를 받아야만 하는 불행한 환자들은 수백 년 동안 정적만이 지배하던 긴 병실로 무기력한 발걸음을 옮겨야 한다. 병실의 정적은 노숙자의 공동묘지와 같은 그곳 벽 안에 눕혀진 비참한 사람들의 흐느낌과 울부짖음만이 깨트릴 뿐이다.

새로 온 환자들은 비록 멀리 떨어져 있다 해도 자신보다 더 위독한 사람들을 즉시 알아차린다. 의사들이 그 사람들 곁에 더 오래 머물며 조수들과 간호사들은 그들에게 전념하며 간호하기 때문이다. 노자성체(임종 때 받는 성체)를 알리는 종이 울리고 자리에서 일어설 수 있는 사람들은 모두 일어서고, 그리고 종부성사가 이어지고 죽음의 고통 속에서 목구멍에서 가르랑거리는 소리가 들린다. 마침내 침대 주변으로 커튼이 둘러쳐지고 낮고 떨리는 속삭임이 그 슬픈 소식을 입에서 입으로 전하고, 그 소식은 가장 멀리 떨어진 병동까지 전해지고, 장례용 횃불의 어둑한 빛이 영원히 차가워진 시신을 생명의 마지막 깜빡임처럼 비춘다.

아침 회진에서 의사들은 병세가 호전된 사람들은 가볍게 지나치고 더욱 악화된 중증환자들을 찾아간다. 하지만 비슷한 슬픈 상황이 가장 놀라운 효과를 일으키는 것은 여성병동이다. 밤에 근무하는 당직 의사들은 진정제와 강심제를 처방하며 밤새도록 병실을 오르내린다. 그가 자리에 없거나 그가 해주는 위로의 말이 없다면 발작이거나 졸도를 막을 수도 없다.

어쩌면 자신의 집에서 간호를 받았다면 회복될 수도 있을 많은 환자들이 두려움과 우울증으로 병원에서 사망한다.

가장 가난한 노동자라도 병에 걸렸을 때 가족들의 간호를 받을 수 있는 깨끗한 집을 가질 수 있기를 희망해야만 한다. 그리고 공공 자선단체가 원조가 필요한 불행한 사람들을 위한 알맞은 시설을 설립해야 한다. 그곳에서 환자들은 효과적인 과학적 원조를 누리고 위생학의 발달이 요구하는 안락함을 그리고 낡은 병원들에서 겪게 되는 가슴을 찢는 광경들과 해로운 영향으로부터 벗어나도록 해야만 한다.

2

이제 막 개업한 젊은 의사들은 자신의 환자들이 과도할 정도의 확신과 신념으로 들려주는 특이한 일들에 놀라게 된다. 거의 모두가 자신들의 병이 어떤 상황에서 시작되었는지에 대한 자신들의 의견을 들려준다.

인간의 정신이 모든 것에 대한 설명을 찾으려 몰두하는 것은 선천적인 성향이다. 그래서 과학의 기반인 현상들에 대한 추론은 여전히 편견의 원인이며 오류의 가장 흔한 원천이 된다.

만약 두려움 때문에 일어난다고 생각하는 모든 질병들의 병명을 언급하려고 한다면, 아마도 병리학 교과서의 색인을 거의 모두 베껴야만 할 것이다. 그리고 저자가 과학적인 문제를 모두 이야기한 후에 진실을 담고 있다는 것을 전제로 자신의 환자들이 들려준 모든 이야기들을 낱낱이 들려주는 것은 독자들에게 별 도움이 되지 않을 것이다. 나는 가장 신뢰할 수 있는 저자들이 제시한 사례들을 통해 입증된 의심이나 논란의 여지가 없는 사실들만을 이야기하려 한다.

쇼멜(A. F. Chomel 1788~1858: 프랑스 병리학자)은 공수병으로 사망한 한 남성의 검시를 마친 후에 자신도 감염되었을 것이라는 두려움에 사로잡혀 식욕을 잃은 것은 물론 잠도 자지 못하게 되었던 어떤 의사의 이야기를 들려주었다. 그는 모든 액체를 무서워하게 되었으며 억지로라도 물을 마실 때는 숨이 막히는 느낌이 들었다. 마치 자포자기한 사람처럼 3일 동안 길거리를 헤매고 다녔다. 그것이 상상의 결과라고 믿었던 그의 동료들과 친구들은 그에게 그런 사실을 납득시키려 하면서 항상 곁에 머물게 하는 것으로 불길한 생각에서 벗어나도록 했으며 그는 회복되었다.

이것은 이해하기 어려운 현상이지만 모든 의학 저자들은 두려움만으로 공수병 감염과 똑같은 현상들을 일으킬 수 있다는 것을 인정했다. 유명한 의사인 보스퀼론(Bosquillon)은 개에게 물리거나 개의 타액이 아니라 오직 두려움이 공수병의 원인이라고 믿었다.

뒤부아(Dubois)는 미친개에게 물렸던 두 형제에 대한 이야기를 들려주었다. 한 명은 그 즉시 미국으로 떠났으며 더 이상 그 일에 대해서는 생각하지 않았다. 20년 후에 그가 돌아왔을 때 경솔한 사람들을 통해 형이 공수병으로 죽었다는 이야기를 듣게 된 그는 그 소식에 너무 놀라 공수병의 모든 증상들을 보이며 병들어 숨겼다. 의학 보고서에는 개에게 물리고 나서 경솔하게도 그 개가 미친개였다는 이야기를 듣고 난 후에서야 공수병 증상이 나타난 사람들의 실제 사례가 아주 많다. 종종 의사들도 건강 염려증에 의한 공수병과 실질적인 공수병을 구별하지 못한다. 심지어 죽음과 아무런 관련이 없어도 건강 염려성 공수병에서도 호흡기관의 강직경련성 수축이 나타나기 때문이다.

만약 권위를 행사하는 방법을 알고, 두려워할 것이 전혀 없다고 환자에게 확신을 시키는 방법을 활용한다면 의사는 종종 이러한 환자들을 구할 수 있을 것이다.

자신의 동료들이 치료할 수 없다고 포기했던 공수병에 감염된 여성 환자를 치료하게 된 어떤 의사의 이야기도 있다. 그는 환자를 세심하게 검진한 후에 공수병이 아니라는 것을 증명해보이기 위해 그녀의 입에 키스를 했고, 그 환자는 회복되었다.

특히 전염병이 퍼지는 동안에는 두려움이 파괴적인 역할을 한다. 아주 먼 옛날부터 의사들은 소심한 사람들이 보다 더 쉽게 죽는다는 것을 관찰했다. 조르지오 바그리비(Giorgio Baglivi 1668~1707: 이탈리아 내과 의사이며 과학자)는 자신의 유명한 책 《임상의학》에서 1703년에 로마에서 일어났던 지진의 영향을 설명하면서, 비록 단 한 명도 죽지 않았지만 두려움으로 인한 열병으로 죽은 사람들이 있었으며, 많은 여성들이 유산을 했으며 병상에 누워 있던 환자들은 모두 병세가 악화되었다고 했다.

일찍이 라레이(Dominique-Jean Larrey: 나폴레옹 시대의 프랑스 의사)는 전쟁터와 정복당한 군대에 배속된 격리병동의 병사들은 자신들의 부상에 보다 쉽사리 굴복했지만 승리한 군대의 병사들은 보다 빠르게 회복되었다고 했다. 이것은 1870년의 전쟁에서 확인되었다.

두려움만으로도 심지어는 전염병의 원인들이 전혀 없을 때에도 역병의 모든 증상들을 악화시킬 수 있다. 최근에는 히스테리와 우울증에 관한 자신의 논문에서 졸리는 스트라스버그에 사는 여성인 자신의 환자의 사례를 소개했다. 아주 먼 곳에 살고 있는 친척이 콜레라로 사망했다는 소식을 듣게 된 그녀는 매우 놀랐으며 자신도 콜레라에 걸렸다고 상상했다.

그녀는 식욕을 잃었으며 심한 설사병으로 8일 동안 고통을 받았지만 스트라스버그에는 콜레라가 단 한 건도 발생하지 않았으며 그녀 자신의 상상에 희생된 것일 뿐이라고 확신을 시킨 후에야 두려움에 의한 심각한 위장장애를 완화시킬 수 있었다. 콜레라가 마을에 퍼졌다는 소식이 돌자마자 모든 건강염려증[心氣症] 환자들의 상태는 악화되었다.

전염병이 퍼지는 동안 격리병동의 끔찍한 광경을 전하는 의사들은 많은 사람들이 두려움으로 인해 사망했다고 언급한다. 그들 중 많은 사람들이 역병의 증상은 나타나지도 않았다고 한다. 격리병동에 수용될 것이라는 두려움으로 갑작스럽게 죽은 사람들도 있으며 소심한 병사들이 전쟁터에서 그렇듯이 자살을 하는 사람들도 있었다. 죽어가는 사람들의 모습에 깜짝 놀라거나 고통에 진저리를 치며 자신들의 뺨에 총구를 대고 방아쇠를 당기는 것이다.

우리는 해마다 불행과 추위 또는 식량 부족으로 향수병과 슬픔과 수치심에 굴복한 사람들의 이야기를 읽으며 얼마나 큰 공포를 느껴야만 하는 것일까! 눈 속에서 아무런 희망도 없이 또는 사막의 모래 속에서 길을 잃고 죽어간 사람들이 있으며, 난파당하거나 암초를 만난 사람들과 작은 용기만으로도 생명을 구할 수 있었던 사람들도 있으며, 음침한 감옥에서 괴로운 생활을 하는 사람들과 외로운 수도원이나 망명지에서 육체적인 고통보다 정신적인 고통으로 죽어가는 사람들도 있다.

3

두려움에 원인이 있는 질병들과 강한 흥분의 결과로 갑작스럽게 악화된 병적인 상태는 구별되어야만 한다.

깜짝 놀라게 되었을 때 처음으로 어떤 질병을 알게 되어 생명이 위험해질 정도로 급격히 악화되는 사람들도 많다.

라마레(Lamarre)는 다음과 같은 사실을 들려준다. 75세의 여성은 약 10년 동안 심장 판막의 기능이상으로 고통을 받아왔지만 집안일을 하는데 방해가 될 정도는 아니었다. 1865년부터 1870년까지 라마레 박사는 몇 번에 걸쳐 그녀를 진찰했다. 심장의 비대는 판막의 결함을 충분히 상쇄했으며 맥박은 정상이었다.

1870년에 프로이센–프랑스 전쟁이 발발했을 때 그녀의 아들들은 어머니가 두려워하지 않도록 그 사실을 모르게 하자고 약속했다. 그녀는 이미 1815년에 프러시아군에 의해 아버지의 집이 약탈당하는 것을 지켜본 적이 있었다. 아들들이 어머니가 국가적인 재

난에 관한 소식을 듣지 못하도록 하는 것은 쉬운 일이었다. 그들은 외딴 시골에 살고 있었으며 그들의 어머니는 신문을 전혀 읽지 않았기 때문이었다.

1870년 9월 4일 어머니는 갑작스럽게 프랑스가 패배했으며 독일 군대가 파리로 진군한다는 소식을 듣게 되었다. 그 소식은 엄청난 충격이어서 어머니의 얼굴은 흙빛으로 변했고 울음을 터뜨릴 힘조차 없었다. 어머니는 손으로 자신의 가슴을 누르면서 '숨이 막히는구나, 숨을 쉴 수가 없어!'라고 하더니, 채 15분이 지나기도 전에 아들의 품에 안겨 숨을 거두었다.

라마레 박사는 마지막 순간까지 그녀가 손과 얼굴로 보여준 움직임과 심하게 불규칙한 맥박으로 보아 뇌졸중이라고 판단할 수는 없었다. 오히려 격렬한 정신적인 흥분에 의해 일어난 심장의 과민한 동요가 사망 원인이라고 인정했다.

정신 질병 분야에서 가장 위대한 명사들 중의 한 명인 피넬(Philippe Pinel 1745~1826: 프랑스의 정신과 의사)은 언제나 심하게 놀란 적이 있는지 또는 크게 화를 낸 적이 있는지를 물어보는 것으로 환자에 대한 진단을 시작했다. 모든 신경성 질병의 연구에서는 언제나 정신적인 원인들에 대한 조사가 가장 중요하다. 강한 흥분에 대한 생생한 인상은 머리를 심하게 맞거나 육체적인 충격을 받은 것과 동일한 효과를 만들어낸다.

두려움으로 인해 의식과 시력을 잃거나 말을 못하게 되는 사람들이 있다. 보다 더 민감한 사람들은 아주 오랜 기간 동안 팔과 다리를 움직일 수 없으며 모든 감각을 잃고 마비된 상태가 되기도 한다. 오랫동안 잠을 잘 수 없는 사람들도 있으며, 정신질환의 발병과 흡사한 일종의 기능항진 상태에 빠지기도 하며, 많은 사람들이 식욕을 잃거나 관절질환을 앓기도 한다. 또한 신경계가 극심한 열병을 일으키는 것과 같은 충격을 겪기도 한다.

코흐츠(Wilhelm Kohts 1844~1912: 독일 내과 의사)박사는 1870년의 포위공격 기간 동안 공포로 인해 발병한 질병들에 대한 보고서에서 자신이 관찰했던 진전마비와 경련의 증상에 대해 자세하게 설명했다. 귀에서 진전과 이명(耳鳴)이 갑작스럽게 일어나며, 종종 강경증과 중풍 그리고 실어증 환자들이 그렇듯이 매우 예민한 사람들에게는 몇 달이나 평생 동안 이어진다.

라이덴(Leydenn 1832~1910: 척수 질환을 연구한 독일의 의학자)은 공포를 척수염의 한 가지 원인으로 생각한다. 동맥경화증과 심장비대증에서와 마찬가지로 공포는 반신불수를 일으킬 수도 있다. 베르거(Hans Berger 1873~1941: 독일의 정신과 의사)는 지극히 건강한 사람들이 공포를 겪은 직후에 심각한 해부학적 손상도 전혀 없이 의식불명을 동반한 하지마비를 겪은 후에 그 현상들이 갑자기 사라진 두 가지 사례를 소개했다.

어린이들이 간질 발작을 직접 보지 못하도록 해야 한다는 말을 종종 듣게 된다. 어린이들이 겪게 될 공포와 흥분은 위험한 것이어서 나중에 그와 비슷한 발작을 겪을 수도 있기 때문이다. 그런 일을 이해하기는 어렵지만 모든 사람들이 받아들이고 있다. 최근에 율렌버그와 베르거는 70세와 65세인 두 명의 노인을 만났다. 그들은 비록 한번도 경험해보지 못했으며 그럴 요인도 전혀 없었지만 공포를 겪은 직후에 간질발작을 경험했다. 롬베그는 아침에 개 때문에 놀랐다가 저녁에 무도병(舞蹈病, St. Vitus's dance)의 발작을 겪었던 열 살짜리 소년의 경우를 소개했다.

몸에 끼치는 두려움의 영향에 대해 읽었던 것들 중에서 가장 인상적이었던 것은 폭풍우에 심하게 흔들려 몰려온 태풍을 견딜 수 있을까를 걱정하며 항해중이던 선박에 관한 이야기였다. 배 안에 괴혈병이 발생했을 때 의사는 이 질병이 육지가 여전히 멀리 떨어져 있어 두려움이 널리 퍼질 때마다 늘어난다는 것을 알게 되었다. 새로운 폭풍우가 몰아칠 때마다 선원들이 죽었으며 다른 선원들도 질병을 앓게 되었다. 마침내 선원들의 신뢰를 한몸에 받던 선장이 사망하자 환자의 수는 다섯 배가 더 늘어나게 되었다.

4

의사들은 격렬한 감정을 흥분과 우울로 구분한다. 나는 이제 이러한 구분을 유지할 수는 없다고 생각한다. 이 감정을 확실히 이해하려면 처음에는 흥분으로 나타났다가 발작의 단계에서 우울증으로 진행되는 두려움에 의한 효과만을 생각할 필요가 있기 때문이다. 적게 복용하면 흥분시키고 많이 복용하면 약화시키는 진정제와 우울증 치료제의 경우도 마찬가지일 것이다.

머리카락이 점점 백발이 되거나, 공포의 영향으로 신경병이 엄마로부터 태아에게 즉시 전달되거나, 엄마가 엄청난 공포를 겪은 몇 시간 후에 젖먹이가 사망할 가능성이 있다는 것과 같은 일부 현상들은 모두가 이해할 수 없는 것들이지만 우리는 신뢰할만한 관찰자들과 의사들이 직접 보았다고 확인하기 때문에 받아들이고 있을 뿐이다.

두려움이 술을 깨도록 하며 가벼운 신경병을 치유한다는 것은 널리 알려져 있지만 그러한 방법으로 더욱 많은 신경병 환자들이 악화될 수 있으므로 두려움을 치료법으로 활용할 만한 근거는 전혀 없다.

어쩌면 단순한 흉내에 의해 얻어지는 신경질환들을 억제하는 두려움의 효력은 문제를 일으킬 가능성이 적다. 이 경우 흔히들 말하듯이 더 큰 병이 사소한 병을 내쫓을 개연성이 있다. 오래된 의학 서적에서는 성 비투스의 춤(St. Vitus's dance) 또는 무도병(舞蹈病)이라는 명칭으로 병적인 흥분으로 모든 지역을 감염시켰던 정신병에 대한 이야기들이 발견된다.

이 질병의 첫 번째 증세는 엑스라샤펠에서 나타난 다음 쾰른으로 번졌으며 메스를 거쳐 라인강을 따라 퍼졌다. 직공과 농부, 부자와 빈자들 수백 명이 춤을 추려는 억누를 수 없는 열망에 사로잡혀 가족을 떠났다. 흥분에 중독된 그들은 마치 홀린 듯이 마침내 땅바닥에 쓰러지거나 치료할 수 없을 만큼 미칠 때까지 열광적으로 몸을 뒤틀어댔다.

부르하베(Herman Boerhave 1668~1738: 18세기 유럽 전역에 명의로 알려졌다)는 그런 환자들이 하고 싶은 대로 하지 못하도록 단호하게 놀라게 하거나 격하게 흥분시키는 방법을 사용했다.

비인간적인 방법은 간질 치료에서 혐오스러운 치료법이 생기도록 했지만 치료 결과가 너무나 예외적인 것이어서 격한 흥분에 쓸모없이 휩싸이면서 분명히 악화되는 경우와 균형을 이루지 못하는 것이었다. 강한 흥분에 의해 일어나는 질병은 그와 똑같이 강한 흥분에 의해 치료될 수 있다는 이런 생각은 의학에 관한 아주 오래된 책에서 찾아볼 수 있다. 플리니우스는 검투사들의 피를 병에 걸린 사람들의 치료제로 마시도록 했다고 한다. * 플리니우스:《박물지》

우리는 갑작스럽게 농아가 된 사람들과 다시 말을 하게 된 다른 사람들의 경이로운 이야기들을 읽으며, 비록 병원들에서 연구되는 순간, 즉시 그 경이로운 위엄을 잃게 되지만 실제로 그런 사건들은 여전히 일어나고 있다.

다음은 최근에 베르너 박사가 소개한 마차 밑에 떨어져 크게 놀랐던 13세 소녀의 이야기이다. 소녀는 약간의 생채기만 생긴 채 빠져나왔지만 갑자기 말을 하지 못하게 되었다. 베르너 박사는 다양한 방법으로 13개월 동안 치료를 시도했지만 아무런 효과가 없었다. 결국 진정제인 브롬화칼륨을 처방한 후 어느 날 그 소녀는 어머니의 품에 안기면서 어눌한 목소리로 '엄마, 이제 다시 말할 수 있어요.'라고 했다. 일주일 후에 소녀는 그 전처럼 말을 하게 되었다.

위데마이스터(Wiedemeister)는 결혼식 날 아침식사를 마치고 난 후에 갑자기 말을 잃고 몇 년 동안 말을 하지 못하게 된 어떤 신부의 이야기를 들려준다. 어느 날 불이 나는 광경을 보면서 겁에 질린 그녀는 '불이야! 불이야!'라고 외쳤으며, 그 이후로는 계속 말을 하게 되었다.

파우사니아스(Pausanias: 2세기 경에 활약한 그리스의 여행가, 지리학자, 저술가) 역시 사자를 보고 놀라 말을 하지 못하다 회복된 어느 청년의 이야기를 들려준다. 헤로도토스는 자신의 역사책에서 말을 하지 못하던 크로이소스(Croesus: 기원전 6세기의 리디아의 왕, 큰 부자로 유명하다)의 아들의 이야기를 들려준다. 사르디스(Sardes: 고대 왕국 리디아의 수도, 현재의 터키 이즈미르의 동쪽)를 점령하던 때 칼을 빼들고 자신의 아버지를 죽이려 하는 페르시아 인을 보게 된 그 아들은 겁에 질려 '크로이소스 왕을 죽이지 마!'라고 외쳤으며, 그 순간부터 말을 할 수 있게 되었다고 한다.

_ Chapter 16 _

유전과 교육

1

인간을 연구하면서 가장 어려운 일은 스스로 어머니의 세포조직에서 분리되어 수정시켜줄 환경을 찾으면서 세포의 모습으로 생명의 출발점에 있는 그를 알아차리고 만나는 일이다. 즉, 존재의 전체 이야기를 간직하고 있는 그 불가사의한 힘이 생식세포의 화학적 환경에 침투하는 그 순간을 파악하고, 극히 미세한 세포핵의 원형질이 오로지 죽음만이 멈추게 할 불가사의한 활동을 어떻게 촉발시키는지를 배우는 것이 가장 어렵다.

우리 존재의 시작에는 자연과 세포조직의 특이한 성질들이 이른바 작은 원형질 조각 내에 잠복해 있는 상대적으로 긴 기간이 있다. 현미경 사용자들은 원시적인 세포조직의 세포들 사이에서 아무런 차이점도 발견하지 못했다.

생식세포의 희끄무레한 작은 잎사귀에 나타나는 혼탁한 상태는 처음부터 노동력의 분배로 조절되는 것으로 보인다. 몇몇 단계에서 세포들은 분리와 증식의 왕성한 활동에 전념하면서도 가까운 곳에서 인간을 만드는데 필요한 요소들을 찾아내는 활동을 지속하여 세포들의 변형을 위해 필수적인 요소들을 축적한다. 그렇게 해서 근육의 구성에 가장 중요한 물질들 중의 한 가지인 당질(糖質) 또는 글리코겐이 처음부터 풍부하게 있다는 것이 발견되었다.

이런 단계에서는 물론 그 후로도 여러 날 동안, 인간의 대략적인 외형이라도 보여줄 수 있는 것은 전혀 없다. 하지만 이런 혼란스러운 원자들 속에 우리가 존재하는 것이며, 여기에 우리의 격정이 잠들어 있는 것이다.

이 희끄무레한 생식세포의 작은 잎사귀 위에는 과거의 세대들과 현재의 우리들을 연결시켜주는 유전과 관련된 해독할 수 없는 문자들이 씌어져 있다. 도토리의 중심부에 있는 거의 보이지도 않는 배종(胚種)으로부터 당당한 참나무가 솟아올라 숲을 지배하는 것처럼, 이 불분명한 세포집단으로부터 인류 전체의 역사를 자신의 소우주 속에 표현해낼 존재가 형성되는 것이다.

태어나지도 않은 아기에게 저주를 퍼붓는다는 끔찍한 전설이나 미래 세대의 행복을 빌어주는 축복의 말은 어리석게 꾸며낸 이야기가 아니다. 운명은 우리들 각자에게 치명적인 유산을 떠맡긴다. 비록 안내자도 없이 숲속에 버려지거나, 빛도 없는 지하 감옥에 갇

한다 해도 불가사의한 꿈처럼 우리들의 내면에서는 부모와 옛 선조들의 경험이 깨어나게 된다.

우리가 본능이라 부르는 것은 멀리서 들려오는 메아리처럼 신경계의 세포들 안에서 지난 세대들의 목소리가 울려 퍼지는 것이다. 우리는 도토리로 연명하며 야생동물들과 싸우고, 숲속에서 벌거벗은 채 죽음을 맞이하던 모든 사람들로부터 우리 아버지의 미덕과 노고, 우리 어머니의 두려움과 사랑으로 전해진 충고와 경험을 느끼는 것이다.

2

교육방법에는 기본적으로 엄격함과 관대함의 두 가지가 있다. 어떤 것이 더 나은 것일까? 단언할 수는 없다. 지금 우리는 일반적인 뇌나 인간의 교육이 아니라 특별한 경우의 뇌나 인간의 교육에 관심이 있는 것이기 때문이다.

어린이는 부끄러움을 모르며 재산권이나 사회적 의무도 모르기 때문에 이성적인 존재가 될 때까지 작은 동물로 여기고 다루어야 한다는 사람들이 있었다. 그래서 두려움이 적용되어야 하는 교훈적인 방법, 즉 동물을 복종시키고 길들이는 방법인 처벌과 채찍과 구타를 활용해야 한다는 것이었다.

다행스럽게도 동물의 본능들 중에서도 이 지상의 모든 동물을 뛰어넘는 자리로 끌어올려줄 한줄기 빛이 곧 어린이의 머릿속에 퍼지게 될 것이며, 이러한 이성의 첫 번째 불꽃이 언제 나타날지는 아무도 확실하게 말할 수는 없다.

구타를 당하는 고통은 언제나 본능적이며 무의식적인 모든 행동들에서 두드러지게 나타날 것이므로 위로해주지 않는다면 심한 분노를 일으키게 된다. 그리고 합당한 이유 없이 애정표현과 구타가 번갈아 일어나는 이상한 환경으로 인해 비참한 생각에 사로잡히게 될 것이다.

과학교육은 인간에게 가장 확고하며 가장 오래 지속되는 확신을 제공한다. 이러한 과학교육의 가르침과 동일한 방법이 교육에도 적용되어야만 한다. 그 어떤 권위의 힘도 확신의 힘이 지닌 효과와 비교할 수는 없다. 어느 한 가지 방법이 아닌 다른 방법으로 해야만 한다는 근거를 보여주지 못한다면 절대로 어떤 명령을 내려서는 안 된다.

동물성은 곧 사라지고 인간성은 유지되기 때문에 어린이들은 이성을 갖추고 있는 존재로서 양육되어야만 한다. 가장 지성적이며 납득이 되는 방법을 활용해야만 하는 것이다. 만약 나쁜 습관이 확인된다면 나쁜 행동으로 이어질 기회를 차단해야만 하며, 다른 관심사를 제공하여 피해야만 하는 행동이나 물건들에 대한 유혹으로부터 그들을 보호하기 위해 노력해야만 한다.

사람들은 착하고 다루기 쉬운 어린이들에게는 상대적으로 더 관대하다. 얼굴을 붉히면서 소리치고 자주 우는 어린이들은 마치 가슴 속에 원한을 품고 있는 것처럼 얼굴이 창백해지고 몸을 떨면서도 자신의 감정을 즉각적으로 드러내지 않는 어린이들보다 덜 성가시기 때문이다.

농사를 짓는 여성이 어떤 사람에 대해 내게 이렇게 말한 적이 있었다.

'어릴 적에 아무것도 아닌 일로 저 사람이 이를 악무는 것을 본 적이 있었어요. 그래서 나는 그와 결혼하지 않았어요. 내가 정말 옳았던 거죠.'

신경계의 긴장을 즉각적인 감정으로 배출할 수 없는 정신적인 고통 속에서는 장기간 억눌려 축적되어 있던 감정의 폭발을 통제할 수 없게 된다. 우리가 억제했다고 생각하는 분노는 우리를 계속 괴롭히며 중요한 기관들을 약화시킨다.

경기(驚氣)를 앓고 있거나 그런 경향이 있는 예민한 어린이들은 관대하게 대해주어야 한다. 친절하게 대해야만 하며 그들의 변덕을 너무 심하게 억눌러서는 안 된다. 그렇게 하지 않으면 그들은 실제로 감수성이 없는 사람이 되고 만다. 이른바 사랑의 매라는 것도 이런 어린이들에게는 슬픔을 급격히 증가시키며 신경질적인 흥분을 일으키게 된다. 모든 과격한 흥분은 알아차릴 수 없는 병적이며 누적되는 성향을 남기게 되며, 그들을 저지하면 '도둑을 피하려다 강도를 만나는' 상황에 빠지게 되는 것이다.

그들의 예민함이 누그러질 때까지 일상생활을 보호해주고 엄격한 교육은 미루는 것이 더 낫다. 동시에 이런 어린이들은 공부에 시달려서는 안 된다. 오히려 밝은 태양과 툭 터진 대기 속에 심어놓은 나무처럼 튼튼해져야 하며, 해로운 가지들은 나중에 쳐내면 된다. 이러한 교육이 효과를 나타낸 후에야 다시 건강한 어린이들과 함께 생활할 수 있다.

건강한 어린이들일지라도 조기교육은 대단히 중대한 잘못이다. 자녀들에게 너무 많은 것들을 배우도록 하는 부모는 자신들의 야심을 만족시키기 위해 자녀들의 미래를 희생시키는 것이다. 자연은 강요받아서는 안 되며, 신경계의 활동 역시 몸이 튼튼해지기 전에 지쳐버리면 안 된다.

이미 약간의 약점이 있는 부모는 – 성격과 신체에 사소한 결함이 있는 – 자신들의 결함으로부터 자녀들을 보호하기 위해 두 배의 관심을 기울여야만 한다. 암, 폐병, 신경증 등은 세대를 거치며 유전되고, 커다란 입, 긴 코, 이런저런 색깔의 눈과 머리카락도 유전되며, 악습과 미덕 그리고 도덕적 기질도 가족에서 가족으로 전달된다. 특히 선조들의 풍습이 자손들 전체에서 쉽게 찾아볼 수 있는 작은 마을에서는 이런 이야기를 자주 듣게 된다.

'그의 아버지도 똑같았어. 그의 할아버지도 변변치 못한 인물이었거든.' '저 집안은 대대로 관대했지.'

가계도의 뿌리는 크기가 점점 작아지는 상자들이 차례대로 채

워져 있는 중국 상자와 비교할 수 있다. 끝없이 이어지는 그 상자들은 우리들을 놀라게 한다. 다른 가문과의 혼인은 해결할 수 없는 혼란을 일으키는 방식으로 이 상자들을 뒤섞어 놓는다. 하지만 일정한 높이에서 길고 긴 이 세대들의 행렬을 지켜볼 수 있다면, 우리는 그들이 줄곧 스스로를 조심스럽게 드러내고 있다는 것을 알게 된다.

어떤 자녀들은 할아버지나 증조할아버지 또는 고조할아버지를 닮게 되는데, 드러내지 않고 몇 세대를 거쳐 지나친 다음 갑작스럽게 외모와 태도, 목소리, 눈, 성격이 비슷한 자손이 태어나면, 노인들이 알아보고 이렇게 말하게 된다.

'저 아이는 할아버지와 꼭 닮았어.' 그렇게 선조들은 미래의 세대에서 다시 태어나 살게 된다.

3

유전을 통해 미래세대에 다시 나타나고 후손들에게 스며들어 그들의 몸에서 자신만의 특성이 작용하도록 전달하는 인간의 이런 능력은 얼마나 놀라운가! 동굴로 이주하여 많은 세대를 거쳐 어둠 속에서 생활했던 곤충들과 갑각류, 어류, 양서류의 눈은 거의 제 역할을 하지 못한다. 어둠 속에서 사는 생물들일지라도 눈이 해로운 것은 아니기 때문에 분명히 자연선택의 결과는 아니다. 단지 어떤 기관의 활동이 멈추게 되면서 필요성이 줄어든 것일 뿐이다.

말이 완벽하게 야생의 본능을 잃게 되기까지는 3~4세대가 필요하므로, 일부 말 사육자들은 곡마단에서 이미 훈련받은 말들만을 선택한다.

만약 똑같이 생긴 두 마리의 사냥개(같은 어미 개에서 태어난 한 배새끼)를 선택하여 한 마리는 추적하는 훈련을 시키고, 다른 한 마리는 집을 지키도록 훈련시킨 다음 각각 새끼를 낳아서 별개의 가족을 구성하고 한 쪽은 사냥할 때 사냥감을 쫓고, 다른 한 쪽은 낯선 사람으로부터 집을 지키게 한다면 우리는 4~5세대가 지난 후에 그 개들의 본능이 전혀 다르게 변형된다는 것을 확신할 수 있을 것이다.

만약 10년 후에 조상이 동일한 각각의 가족에서 한 마리씩을 선택하여 아무 소리도 들리지 않는 동일한 방에서 동일한 조건으로 길러 다 자랐을 때 풀밭으로 데리고 온다면, 총소리가 들렸을 때 추적하도록 훈련받은 개들의 후손은 마치 새를 찾으려는 듯이 주변을 둘러볼 것이며, 다른 개는 깜짝 놀라 도망치는 것을 보게 될 것이다.

거의 아무도 살지 않는 섬의 해변에서 사는 아이슬란드의 지느러미발도요와 같은 새들은 인간을 대단히 무서워한다. 반면에 섬의 안쪽에 살고 있는 새들은 전혀 겁을 내지 않는다. 만약 브레엠의 《동물의 일생》을 읽었다면 동일한 종에서 인간과의 관계에 따라 뚜렷한 차이점이 세대를 거쳐 전달되는 이와 비슷한 두려움의 실례를 찾아볼 수 있다.

비록 대부분의 원숭이들은 겁이 매우 많아서 인간을 마주치면 언제나 도망치지만, 인디언들이 신으로 섬기는 북부평원 회색랑구르 원숭이는 갈수록 대담해져서 정원을 침범하고 모든 것을 훔치며 집을 약탈하고 유럽인들의 트렁크와 찬장을 뒤지고 식탁 위의 음식을 낚아채간다. 어느 선교사는 이 건방진 원숭이들에게 줄 것이 전혀 없었기 때문에 불쾌한 곤경에 처했던 적이 있었다고 했다. 만약 제때에 막대기로 자신을 보호하지 못했다면 원숭이들이 자신을 때렸을 것이라고 했다.

동물의 본능이 유전에 의해 이처럼 광범위한 변화들이 연속적인 세대들에게 전달되고 완성되는 메커니즘은 의학에서 가장 알아내기 어려운 사실들 중의 한 가지이다. 매독환자가 순진한 자녀들에게 저주를 전해주는 것처럼 술주정뱅이가 낳은 자녀들은 정신착란에 빠지기 쉽지만, 우리는 그 유전방법에 대해 아무것도 모르고 있다. 본능의 유전은 수수께끼로 남아 있다. 생리학자들은 아직 그런 문제들을 해결할 수 없다. 그러므로 생리학자는 자신이 알지 못하는 법칙과 복잡한 연결맥락의 단순한 기록자가 되고 말았다.

이 문제를 실험적 연구로 밝히려 했던 브라운 세카르(Brown Sequard 1817~1894: 미국의 내분비 생리학자)는 모든 생리학자들을 놀라게 만든 결과들을 얻어냈다. 그는 좌골신경을 절단한 기니피그가 간질병을 앓는 새끼들을 낳았으며, 암컷이나 수컷의 신경중추의 일정한 부분을 파괴하면 자손의 눈과 귀에 뚜렷한 기형을 일으킨 다는 것을 관찰했다.

파스퇴르는 희석한 바이러스의 예방접종으로 악성부스럼(탄저균, 옮)이라 불리는 전염성 질병이 차단된 암양의 새끼는 이 질병에 감염되지 않았으며 다른 동물을 죽일 수도 있는 활동적인 바이러스로 예방접종했을 때도 견뎌내고 죽지 않는다는 것을 발견했다. 이 사실은 투생(Toussaint)을 비롯한 학자들에 의해 확인되었다.

실제로 과학에는 유전이라는 수단에 의해 질병을 막는다는 생각을 이끌어낸 적절한 치료법들이 많이 있다. 만약 천연두가 과거처럼 창궐하지 않고, 만약 희생자들이 더 이상 그처럼 많지 않고, 심지어 예방접종을 받지 않아도 보다 쉽게 회복된다면, 유전과 예방접종을 통해 우리 몸에 변화가 일어났기 때문이다.

이전에는 전혀 감염되지 않았던 어떤 지역에서는 이 질병이 나타날 때마다 과거만큼이나 맹렬하게 창궐한다. 이 질병을 모르는 지역의 주민들이 공기 속에 병원균이 아주 많은 마을로 이주해 오면 이와 똑같은 일이 발생하기도 한다. 얼마 전에 파리의 아클리마타시옹 공원에 끌려온 여덟 명의 에스키모인들은 모두 천연두로 사망했다.

같은 가문의 자녀들 모두가 서로 판에 박힌 듯이 닮지 않았다는 것은 널리 알려진 사실이다. 흔히 형제자매들은 비록 신체적으로는 놀랄 만큼 서로 닮을 수는 있어도 성격에는 큰 차이가 있다는 것을 보여준다. 우리의 연구에서 보다 더 중요한 것은 비록 가족의 모든 구성원들이 똑같은 방식으로 양육되었다 해도 이런 변형들이 발생한다는 것이다.

일정한 화학적 결합이 구조와 성분의 유사성 때문에 동족의 범주에 분류되듯이, 비록 한 사람은 해로움을 끼쳐도 다른 사람은 유익하며, 한 사람은 편파적이어도 다른 사람은 공평한 것은 유전 때문이다. 푸비니(Fubini) 교수와 함께 연구했던 샴쌍둥이의 경우에도 – 의학연보에 여러 건의 사례가 있다 – 몸통의 아래 부분이 연결되어 다리가 두 개뿐이 없으며 당연하게도 언제나 똑같은 환경에서 생활했지만 성격에는 커다란 차이가 있다.

그러므로 우리는 유전적인 것과 개인적인 형질 그리고 가족의 특성과 각 개인의 특성을 구분해야만 한다.

4

과학이 발달할수록 의사의 권위는 더욱 더 교육에서 찾아야만 한다. 자연에 근거한 방법에서 벗어난 모든 교육체계들은 우리를 오류로 이끌며 정신과 육체를 병적인 상태로 이끌어간다. 교육은 생명의 법칙과 유기체의 필요 그리고 사회의 구체적인 이해관계에 따라 실시되어야만 한다.

지적 능력의 발달과 관련된 모든 연구와 격정의 혼돈에 의해 발생한 본능의 탈선과 도덕적 결함의 치료는 물리적인 질서의 현상들과 긴밀하게 연결되어 있는 문제들이다. 생리학자들과 물리학자들은 생물학적 사실과 질병의 치료가 그렇듯이 그런 문제들에 관심을 집중해야 한다.

　불행하게도 이러한 관점에서 고려한다 해도 교육은 대단히 어려운 문제들을 드러낸다. 치유할 수 없는 울화도 있으며 급성폐결핵의 치명적인 지배하에 있을 때처럼 저항하지 못하고 단지 몸을 급격히 소모시켜버리는 것들도 있다. 의지만으로는 충분하지 않다. 그 자체는 단지 몸이 지닌 활력의 결과일 뿐이기 때문이다. 그리고 어느 정도는 신경계 스스로가 가능하다고 느끼는 저항력의 결과이기 때문이다.

　연속적인 원인과 결과는 종종 인간이 자기 의지의 힘으로는 끊어버릴 수 없는 순환을 형성한다. 즉, 나약함이 두려움을 만들어내고, 그 두려움이 나약함을 만들어낸다. 여기에 신체 기관의 기능에서는 치명적인 순환이 있다. 몸으로부터 그것들을 분리할 수 없을 때, 정신의 기능에 철학자들이 만들어낸 인위적이며 가상적인 구별들이 과연 어떤 쓸모가 있을까? 생명에는 치명적인 낭떠러지와 우리가 거슬러 나아갈 수 없는 조류가 있으며 그 조류는 우리들을 피할 수 없는 파멸로 이끌고 간다.

　"나약함이 흥분성을 증가시키며, 흥분성은 선정성을 조장하며,

이어서 그 선정성이 나약함을 낳는다." 여기에서 몸의 기능들은 입을 크게 벌리고 있는 소용돌이처럼, 우리들을 치명적인 절벽으로 끌고 가는 눈사태처럼, 우리들을 인생의 경로에 미끄러져 올라타게 만든다.

이제 우리는 인도를 걸어갈 때 보행의 안전을 위해 설치한 연석(緣石, 갓돌)처럼 작용할 어떤 메커니즘이 우리의 몸에 결여되어 있다는 것을 알고 있다. 이것은 마치 어떤 기계의 수레바퀴처럼, 잘못된 발걸음으로 인해 우리가 떨어져 나가 부서질 수도 있는 자연의 가장 심각한 결함들 중의 한 가지이다.

우리는 아편이나 알코올에 스스로 중독되어 자기 힘으로는 무절제의 경로에 빠져드는 것을 막을 수 없게 된 불쌍한 병자들과 비교될 수 있을 것이다. 만약 술이나 아편을 멈추게 되면 그들을 괴롭히던 병적인 현상들과 떨림이 즉각 악화되기 때문이다.

그들이 겪는 질병의 주된 원인이 이제 그 질병 자체를 완화시킨다. 그것이 그들을 진정시키고 서서히 소멸시키는 치료책이 되는 것이다.

생리학은 여전히 너무나 불완전해서 인간을 다른 방식이 아닌 어떤 한 가지 방식만으로 행동하도록 강요하는 원인들의 복잡한 회로를 우리에게 명확하게 밝히지 못한다. 우리의 눈은 인간의 행동들에서 어쩌면 미래의 세대에게 명확하게 나타날 많은 중요한 요인들을 구별할 수 없다. 연대기와 연보와 전기들은 불충분한 자

271

료를 제공하며 세부사항들은 너무나도 불완전하게 알려져 있다.

아폴리트 테느(Hippoly Taine 1823~1893)가 그랬듯이, 어느 민족의 융성과 쇠퇴를 지배하는 생물학적 법칙들을 발견하기 위해 국가들의 역사에 깊숙이 파고드는 것이 언제 가능하게 될지 나는 알 수가 없다. 나는 단지 인간 종족의 뇌가 점점 더 완벽하게 성장할수록 더욱 예민하고 흥분하기 쉬워질 것이며 감정적인 열망이 그 안에서 더욱 커져갈 것이라는 불행한 생각에 슬퍼지고 당혹스럽다는 것만을 알고 있을 뿐이다.

5

용기는 세 가지 원인에서 싹튼다. 자연과 교육 그리고 확신. 이것들은 각각 다른 것들의 결함을 보충할 수 있을 정도로 영향력이 있다. 어떤 사람을 용감하게 만들기 위해 '용감해야만 합니다.' 라고 말하는 것은 아무런 쓸모도 없다.

매일 우리는 부모의 모범과 교육 그리고 충고가 어린이들에게 미덕을 심어주기에 충분하지 않다는 것을 확인한다. 추수하기 전에 땅과 씨앗이 있어야 하는 것처럼 교육에는 아주 오래 전부터 준비해야만 하는 결정적인 요소가 있다. 즉, 부모는 자녀들에게 강건하고 용기로 가득 찬 유전형질을 물려주어야만 하는 것이다.

두려움은 의지의 모든 노력을 공격하고 무력화시킨다. 그래서 두려움과 싸워 완벽하게 제압하는 것은 언제나 영웅적인 행위로 존중받았다.

마케도니아의 알렉산더는 전쟁터로 떠나기 전에 두려움의 신에게 제물을 바쳤으며, 툴루스 호스틸리우스(Tullus Hostilius: 고대 로마 왕국의 세 번째 왕)는 신전을 건립하고 사제들을 봉헌했다. 튜린의 미술관에는 두 개의 로마 메달이 있다. 그중 하나는 겁에 질린 여성이 각인되어 있고, 다른 하나에는 머리카락이 쭈뼛 서고 깜짝 놀라 두 눈을 크게 뜨고 있는 어느 남성의 머리가 있다. 그들은 호스틸리(Hostilii) 가문의 집정관이 두려움의 신을 달래기 위해 바쳤던 맹세를 기념하기 위해 만든 것이었다.

우리에게 힘이 있다는 것을 알게 되면 우리는 더욱 강해진다. 의학의 역사는 자신감의 놀라운 효과들을 풍부하게 보여준다. 만약 의사의 단순한 말 한마디로 어떤 치료법의 효력에 대한 믿음을 갖게 되어, 히스테리에 걸린 여성들과 소심하고 우울하며 무기력한 남성들이 용기를 되찾고 마침내 회복된 실례들을 모두 열거한다면, 성인들의 기적과 견줄만한 불가사의한 일들이 매일 실현되고 있다는 것을 확인하게 될 것이다.

이것이 모두 상상력이나 환상의 효과라고 말할 수는 없다. 어려움을 극복하겠다고 확고하게 결심한 사람의 뇌에서 일어나는 혈액순환의 변화는 신경중추와 근육의 긴장에 에너지를 증가시킨다. 그로 인해 우리는 때때로 신체적으로는 강하고 튼튼하지만 소심하기만 했던 사람들에게서 전혀 기대할 수 없었던 대담한 행동을 보게 되는 것이다.

우리는 이제 뇌가 자체적으로 아무것도 일으킬 수 없다는 것을 알게 되었다. 기껏해야 제시된 다양한 것들 중에서 마음껏 선택하도록 하는 것으로 보일 뿐이다. 하지만 제아무리 자유를 심하게 속박한다 해도, 우리의 정신에 일정한 지시를 내릴 수 있다는 것에는 의심의 여지가 없으며, 교육의 목적은 성격을 강화시킬 수 있는 그런 일들에 지속적으로 집중하도록 주의를 기울여야만 한다.

자신의 유명한 저서인 《영혼의 격정》에서 데카르트는 이렇게 말한다.

"스스로 담대함을 발휘하여 두려움을 없애려면 그렇게 할 의지가 있는 것만으로는 충분하지 않다. 위험이 크지 않다고 믿게 해주는 근거와 대상 또는 실례를 스스로 생각해볼 필요가 있다. 도망치는 것보다 방어하는 것이 언제나 더 안전하다. 도망쳤다는 후회와 부끄러움 대신 정복했다는 영광과 기쁨을 얻게 될 것이다."

6

교육에서 가장 어려운 것은 지속성이며, 가장 효과가 있는 것은 실질적인 예이다. 엄격함은 쓸모없으며, 인내가 성공으로 이끈다. 변덕스러운 목표보다 더 해롭고 치명적인 것은 전혀 없다.

교육의 최고 목적은 인간의 능력을 증진시키는 것이어야 하며 삶에 이바지하는 모든 것을 그의 내면에 육성하는 것이다. 그래서 부모가 사소한 모든 고통에 너무 많은 중요성을 부여하도록 가르친 어린이들은 우울증에 걸리기 쉽다. 슬픔은 육체의 무기력함이며, 우리는 오랜 경험에 의해 우울하고 소심한 사람은 다른 사람들보다 질병에 제대로 저항하지 못한다는 것을 알고 있다.

여성이 겪는 극심한 공포의 1분은 남성보다 훨씬 더 무서운 결과들을 낳으며 훨씬 더 심각한 상처를 입힌다. 하지만 그 잘못은 언제나 여성들의 연약함을 매력적이라고 생각하는 우리들의 잘못이다. 이것은 오직 여성의 호감만을 개발하려 하고 보다 더 유효한 강한 성격의 창조를 무시해온 잘못된 우리의 교육 시스템에 의한 오류이다. 우리는 가끔 문화의 가장 중요한 분야는 교육과 학습을 통해 습득한 것이며, 인류애의 진보는 전적으로 한 세대에서 다음 세대로 전해진 과학, 문학, 예술작품으로 나타난다고 생각한다. 하지만 우리 자신 속에, 우리의 기질 속에는 그에 못지않게 중요한 요인이 있다.

문명은 우리의 신경중추를 개조했으며, 유전은 우리 어린이들의 뇌에 문화를 전달했다. 현 세대의 우월함은 더욱 크게 사고하는 능력과 더욱 능숙하게 행동하는 것에 달려 있다. 한 국가의 미래와 능력은 오로지 상업, 과학 또는 군대에만 있는 것이 아니라 그 나라의 시민, 그 나라 어머니의 자궁, 그 나라 자손들의 용기 또는 비겁함에 있는 것이다.

두려움은 치료될 질병이라는 것을 기억하자. 용감한 사람은 가끔 실패하겠지만 겁쟁이는 언제나 실패한다.